做對選擇
財富滾滾來

年收入千萬銷售天后，教你從平凡邁向成功的關鍵選擇

超越巔峰
OVER THE TOP 教育訓練機構

彭秋美——著

陽光小姐的溫暖分享

超越巔峯商學院創辦人／**林裕峯**

　　從認識秋美老師那一刻起，我就感受到非常明確的一個意象，那就是「陽光」。

　　各位讀者有沒有體驗過，當連日陰霾、外頭濕冷，弄得心情都很低潮的時候，忽然看到陽光露臉，大地回春那種喜悅？那不只是像收到禮物或得到讚美那樣的歡喜，而是打從心底，就覺得很溫暖，整個人能量升起來的充盈喜悅。秋美老師，就是可以帶給每位認識她的朋友這樣感受的人。

　　關於這樣的感覺，不只是我感受如此，相信她身邊不論是親朋好友或是曾與她共事的所有夥伴們，乃至路上跟她打過招呼的人，都可以感同身受。一個人那麼陽光，但她天生就是陽光型的女孩嗎？其實秋美老師是經

歷過漫長的打拚歷程，且總是不畏艱難、樂觀面對，才走出一條自己的事業之路。

本書讓我們看到一個來自偏鄉的女子，如何從小就懂得自立自強助人，且在資源甚少的先天情況下，能夠廣結善緣、突破困境。她後來不論從事保險業務，或是協助先生的事業，還有如今她成為安永全球的準八星高聘，都有著鼓舞人心的奮鬥精神。

最重要的是，秋美老師一路走來始終如一，總是不只讓自己成長茁壯，更要幫助身邊朋友一起共好。包含本書的誕生，也是基於一顆助人的溫暖之心，看到秋美老師如何帶給世界陽光，因此本書也是一本溫暖的書。

同時，本書也是臺灣第一本對「安永全球」這個新興企業有深入介紹，對有心想改變生活、開啟富裕人生的各位讀者來說，很重要的書。人說開卷有益，而打開一本如此充滿陽光的書，更是可以照亮你的生命。

很感恩認識秋美老師，讓我能夠沐浴在正向積極能量的陽光裡。

值得效法的典範

安永全球事業股份有限公司總經理／**柯以哲**

「大家好！我叫彭秋美，大家只要記住澎湖的『秋』天很『美』麗，就會馬上想到秋美我囉！」

這一段話是 2023 年 1 月 30 日下午 2 點，在一場家庭會中，臺下的我聽到秋美老師的自我介紹，對她的印象就這麼深深刻在腦海裡，從此我們姐弟倆也就此開始了一段友誼之旅。

「輕財足以聚人，律己足以服人，量寬足以得人，身先足以率人。」這四句話，就是在形容秋美姐的人格特質。

對他人用「肯定、感恩、讚美」，對自己用「積極、樂觀、成長」，也是秋美的人生態度。所以她總是無時無刻、隨時隨地，都吸引著眾人的目光，正因如

此，才能成為安永全球跨境電商最閃亮的一顆星。

「種樹者必培其根、種德者必養其心。」

秋美姐每天都會花一些時間修道：「安永之道」、四大志業、了凡四訓、大學之道、陽明心學⋯⋯這些古聖先賢的智慧及道德標準，是秋美姐與一群好夥伴共同悟道、傳道的目標，以提升人文素質為宗旨，以達到知行合一、致良知，成就大事的境界。

秋美姐的精神，絕對值得我們一起學習並效法。願秋美姐持續帶領我們，向人生的旅程邁進。

願秋美姐可以超越自我、超越巔峰。

毋忘初心

苗栗太湖民宿董事長／**王界源**

　　我認識秋美已有幾十年了，她總是在苦難中長養著慈悲，在變數中考驗著智慧。

　　自己把自己感動了，是心靈的提升；自己把自己征服了，是人生的成熟。祈禱並不能改變上帝，而是改變祈禱的人。

　　不為貧困而煩惱，心不貪就富有；安心、安身、安生，一生三安。有愛不覺天涯遠，不居功，不念功。

　　秋美有領導能力，也有滿腔的熱情和堅忍的毅力，更重要的是，她對朋友總是以誠相待，這便是今日改善人際關係的最好良策。

　　心開，路就開，走出自己的路。

　　願意分享、歡喜肯讓、樂於吃虧、付出無所求。

　　成功是自己努力出來的，讓你一生受用不盡。我們看看，鐘錶都是自己走，於是讓人信任它。看人挑擔不吃力，自己挑擔卻不輕。大家並不在乎你過去做什麼，問題是你現在做什麼，未來要做什麼。

　　人的一生像海浪波動，祝福秋美對未來抱著開心！

目次

楔子
為了與你相遇

　　我曾經覺得自己只是個小人物，不是政商名人，也不是什麼科學家、大文豪，甚至我也不是什麼創業楷模或媒體寵兒，這一生經常上臺領取的，都是跟銷售業績相關的獎項。我會努力賺錢並帶領團隊賺錢，但是若說我是可以讓人學習的典範，這實在不敢當，我也從沒有想過要透過出書讓自己的名字曝光。

　　但是後來我改變了想法，並不是想要出名，更不是因為覺得自己很了不起，我出書是因為有兩位生命中重要的貴人給了我這樣的啟發，一位是我事業上的導師，也是帶領我們成百上千人一起奮鬥打拚的領航人──安永全球事業總經理柯以哲，另一位是教導我行銷、讓我很敬重的林裕峯老師。

　　他們都曾不約而同問過我類似的問題：「秋美，你

這一生那麼努力賺錢是要做什麼？」

我回答，我想要讓自己更有錢，這樣才更有能力可以照顧家人以及身邊的人，如果有可能的話，我要幫助更多更多的人。

「所以秋美，你認為你悶著頭繼續不斷打拚就夠了嗎？有沒有想要讓自己被更多人看見？」

我回答：「當然我會每天都不懈怠的認真付出、辛苦打拚，帶領我的團隊一起成長。但是我也希望低調的過生活，畢竟我就是一個平凡人，我努力工作不是為了想要博取什麼鎂光燈風采，或是被眾人稱讚。我沒有想過要被造神，我就是勤勤懇懇地做好本分事業就好。」

「你是說，你一方面想持續努力賺錢，並且幫助更多人，一方面又想要低調不彰顯自己。但是你有發現這裡頭有個矛盾嗎？如果你不彰顯自己，怎麼讓更多人向你學習？你要一個一個幫助人嗎？這樣有效率嗎？還是你可以建立一套系統，透過系統來幫助人？」

他們的問題讓我頓時說不出話來，因為我的確知

道，當一個人只想默默做事時，那也代表著他不想讓影響力擴散出去。但就以我帶領組織運作來看，我若要整個團隊跟上，我就必須要透過公眾演說，以及把握有限的時間，透過一次又一次的教育傳承，盡可能讓最多人吸收，這樣子才是有效率的助人法。

古往今來，任何想要發揮廣大影響力的人，都一定要站在檯面上，不是因為他們要成為英雄、成為被讚譽的焦點，而是因為只有自己先被看見，才能讓自己的理念傳達出去。

這些我都心知肚明，重點在於我願不願意承擔？於是我陷入了長考，如果當初我的人生立志是真的，也曾說過要成為一個對社會有貢獻的人，那麼，為了帶給這個社會最大幫助，我是不是該突破另一個舒適圈呢？

我的第一個舒適圈，在年輕時就已經突破，從一個內向不敢講話的內勤人員，後來勇敢挑戰業務工作，也做出相當的成績，之後成為可以帶領別人一起打拚的領導人。但是我還有第二個舒適圈，那就是跳脫自己的個性，做更大的嘗試。

我不是喜好大肆張揚的人，與其站在臺上接受眾人矚目，更願意私底下幾個好朋友相聚，透過家庭式的聚會，協助夥伴的業績成長，這是我樂於投入的事。至於讓自己上臺對著數百人講話，甚至要出書讓自己的故事流通到全世界，這是我必須深思的事情。

後來我選擇突破自己的舒適圈，因為我不忘初衷，想用一己之力幫助最多的人，所以我在集團的各種會議裡，選擇站上舞臺，即便那不代表著臺下群眾後來會變成我的客戶，大部分時候，我只是協助解說公司的制度與產品，但業績是給予那些各自團隊的 leader。

我確定我可以因此對著多人傳遞正能量，也確實比以前幫助了更多的人，這是很值得的突破，我不再是默默付出的勤勞山羊，而是可以有號召力的領頭羊。

而我還可以做些什麼，來幫助以及影響更多的人呢？的確，出書是一個很重要的媒介，並且超越時間與空間的限制，不需要我本人親自在場，就能影響到他人。好比一個位在不同城市甚至這一輩子都沒機會與我見面的人，也可能在任何時間，可能是今天，也可能五

年後，看到我的這本書，因而學到了我要傳達的觀念。這樣一來，我就可以不再煩惱分身乏術的問題了，透過出書的方式，我可以擴大範圍幫助更多的人。

就這樣，有了這本書誕生。

是的，我還是個平凡人，但正因為我的平凡，我的資歷可以帶給更多更多與我類似成長背景的人一個啟迪，而不是像那些首富、那些大企業家們，可能他們的經歷對普羅百姓來說距離較遠。

我是比較平民的，也就是說，如果像我這樣一個出生在平凡農家之中的女孩，後來都可以透過打拚，以及找到一個對的平臺，成就每個月的收入，不僅只是六位數，而是上看七位數的進帳。我有這樣的經歷，怎麼能不分享出來，讓更多人有機會透過跟我學習，來改變原本的生活呢？

想一想，那不僅僅是一種助人的模式，甚至應該說這是上天賦予我的責任。我有責任盡己所能，幫助想要突破卻又找不到方法的人，給予相當的建言，若有可能，也可以導引他們來跟我相會，讓我親自幫助他。

　　所以透過這本書，當身為讀者的你得以見到我的成長故事，那也是我的榮幸，因為茫茫人海幾十億人中，我們可以透過文字得到連結。而如果我的故事以及我的各項建議，真的帶給你一些新的人生省思，甚至你還想要知道更多，我也非常歡迎你來參加帶給我成長的這個平臺：安永全球事業。請相信我會盡我所能，為您提供有效的助力，這也是準八星秋美為安永全球出的第一本書。

　　所以，我為何要出版這本書？就是為了要與你相遇。想知道我是個怎樣的人嗎？為何我可以提供你需要的幫助？翻開下一頁，讓我與你分享我的人生以及成功之道。

第一篇

青澀成長篇

第一章
水里出生的女孩

　　説起我成長的年代，已經不能説是古早時候，畢竟那時已是一九六〇年代，臺灣的經濟開始起飛，都市裡家家戶戶有電視，社會型態也逐漸從農業社會轉型為工業社會。然而另一方面，城鄉發展還是有一定的差距，距離繁華都會遙遠的地方，整體發展還是比較落後。

　　當年的我，就是出生在臺灣唯一不靠海的縣──南投，我們家是介於文明進步以及傳統農村型態間，一個比較克難的鄉村貧戶。總之，家裡頭的大人並沒有搭上經濟成長列車，爸爸靠打零工為生，媽媽既要照顧孩子，而且還必須兼顧賺錢養家。

　　那段日子很辛苦，直到今天，我偶爾還會夢到那個時候的生活，感覺上不是被冷醒就是餓醒，那是有著匱乏、逼著我想要逃離的生活。

姊代母職的生活

//////////////////////////

　　我是南投水里人，我的老家到現在都還在，爸媽也依然住在我出生的地方。他們生養了五個小孩，不過爸媽生我們的時候年紀還很小，我是家中的老大，媽媽生我的那年也才 20 歲，所以廣義上來說，連同爸媽一起算，我們家有七個孩子。

　　我不曉得爸媽以前戀愛成家的故事，但可想而知的是，那麼年輕就成家，經濟資源是很不足的，爸媽當時連正職的工作都沒有，一輩子以打零工為生，可想而知，要養我們一家七口有多麼辛苦。

　　身為長女的我，從小小孩時就有自知之明，我必須快快長大，好成為家裡頭的生力軍。如今每當我跟朋友聊起從前時，說我小時候總是得一大早起來生火煮飯，很多朋友都很訝異地問：「生火？生什麼火？用灶煮

飯？你那個年代還有灶喔？」

的確，以我的年紀來說，很多人小時候家裡的廚房已經不是用灶煮飯，但是在南投水里的鄉下，當時卻還是如此。我總是姊代母職，照顧底下四個弟弟、妹妹，等他們吃飽了，我還有很多事要忙。

印象中，爸媽多半時候不在家，我要設法去張羅吃的，大約在小學一年級這樣的年紀，我已經得自己去田裡或山裡找東西來吃，例如撿蝸牛及野菜等。等年紀更大一些時，就跟著爸媽去山裡幫忙，參與大人們開墾種植梅子、筍子，還有木材作業……等等。

在那個年代，國小畢業後就可以正式就業了，不過我還是有讀到中學，但總是半工半讀。記得我當時曾經去工廠當過女工，比較印象深刻的是曾經去金紙工廠做工，金紙就是拜拜要拿去燒的紙錢。

儘管現代人講求環保，很多地方已經不再燒紙錢了，但是在我小的時候，那還是個重要的產業，而我就當個女工協助家計。

即便自己的童年有點辛苦，但我更心疼的是我的父母。我不常看到他們，每次看到他們的時候，時間可能是半夜或者是早上有限的時間，他們總是滿臉疲憊以及永遠難以舒展的愁眉，看著爸媽為了這個家日夜操勞，當時我就在心中暗暗許下一個願望，將來長大後，我一定要讓爸媽過好的生活。

其實當時的我也不知道什麼是好的生活，但總之不是當年那樣的生活，家中不只沒錢，並且連最基本米缸裡的存米都不夠，因此經常斷炊，為了填飽一家七口的肚子，還得到處向鄰居親戚借米。

這些過往明明已經事隔幾十年，但是如今我都還依稀記得當時家中的窘境。如果連最基本的三餐都無法照顧到，那真的已經來到生存的底線了，無怪乎爸媽總是愁容滿面。

以這樣角度來說，我被迫早熟，也是不得不然。

少女第一次離家
//////////////////

　　必須說，即使家中經濟再怎麼辛苦，爸媽還是設法讓五個孩子都能念書，這一點讓我終身感激。當我從水里國中畢業時，媽媽還問我要不要繼續升學？只不過當時我默默地搖了搖頭，並不是我的成績不好，而是我心中有個聲音告訴自己：「家裡的經濟都已經這樣子了，我怎麼好意思再升學？」

　　還好後來有個機緣，爸媽知道原來念職校可以一邊讀書一邊工作賺錢，也就是建教合作的機制。因此我那時候就把握住這個機會，選擇到臺北念書，也在那邊賺自己的學費。

　　當時爸媽雖然工作忙碌，但還是不忘關心孩子，既然他們經常因為打零工不在家，於是就交付重任給我這個長女。小時候他們對我特別嚴厲對待，尤其會要求

我的課業成績，即使再忙，也會盯著我的成績單，並且要我負起照顧好弟弟妹妹的責任，如果弟弟妹妹有什麼狀況，挨罵的都是我。有一陣子我心中甚至升起一個念頭，懷疑自己是不是爸媽撿來的，所以他們才這樣對待我？

讓我感到委屈的經驗很多，其中印象最深刻的是，有一個禮拜六學校下午沒課，我雖然還是小學生，但是卻有一堆家務要做，那天趁著好天氣，我便扛著一籃子的衣服去河邊洗。同時又得照顧弟弟，於是只好帶著小弟弟一起去河邊，一邊洗衣一邊看著他。

然而不知怎麼了，一個不留神，弟弟突然掉到河裡了，我慌忙著趕去搶救。雖然河水不深，但是在河床下卻布滿了石塊，當我去救弟弟時，自己也跌倒受傷了。後來爸媽知道這件事時，狠狠地罵了我一頓，我當時強忍著淚水，心裡飽受委屈的想著，雖然弟弟落水，但是我自己也受傷了，爸媽卻完全不關心我。

所以小小年紀的我，有時候洗完衣服時，就會躺在河邊的大石頭上，一邊呆呆地看著天上的雲朵，一邊想

著「會不會我不是爸媽親生的」這樣的事，想著想著，便不禁興起了「遠走高飛」的念頭。

　　這也是後來我國中畢業後，一有機會就刻意跑到臺北讀書的原因，目的就是想要離家離得遠遠的，但是這畢竟是我第一次離家那麼遠，因此才第一晚我就開始想家，躺在異鄉宿舍的床上邊想邊哭。

　　這就是從孩童時代到少女時代的我。

第二章
鄉下女孩進城去

　　一個人成長在什麼樣的環境，就很容易被那樣的環境制約。一個偏鄉農田出生的孩子，長大之後就是農夫思維；一個在山裡礦區長大的孩子，可以想像的人生也只是礦工人生。所以環境對人很重要，如果想要改變人生，就必須跳脫舒適圈。

　　然而這對一個本來就對世界沒概念的人，又談何容易呢？這個時候，往往改變的契機來自兩個，第一就是有幸遇到貴人，給予思想啟蒙，刺激成長；第二就是靠自己的醒悟，通常從不滿於現狀開始。

　　然而追求改變，也許初始仍找不到方向，但是只要心中那股想求變的火苗還燃燒著，就可能會遇見新的契機。所以立志很重要，心中有大志的人，最起初不一定有清楚的藍圖，重點是有心想突破，終究就可以突破。

小小年紀就想要不凡

////////////////////////////

　　我的少女時代，也是因為不滿於現狀，後來追求改變。一旦有了改變，生活就有了新的可能。

　　當年才十幾歲的青春少女，雖然一個人來到了臺北這座大都市，但是個性單純的我，生活圈還是很狹隘，每天不是在學校就是在工廠，學校畢業後，我也沒有選擇留在臺北，思鄉的我，迫不及待地還是回到了南投。

　　那幾年我們幾個孩子也都比較大了，可以自立，而且爸媽辛勤工作多年，也累積一些積蓄，家裡的經濟環境有比較好一些，因此當時就拿出一筆錢，將原本木造的房子翻修成鋼筋水泥。豈料水泥房才剛蓋好沒多久，我們家就碰到政府要徵收土地，打算興建明湖水庫，我們家被迫拆遷，當時只領到很微薄的拆遷費。

　　我們只是小小的老百姓，政府要徵收土地，我們只得乖乖配合。不過水庫興建換來的是新的工作機會，當時臺電公司缺人，基於造福鄉里的原則，有規定要優先錄取水里在地人，就這樣，從臺北回來的我，那時候就去臺電公司工作了。

　　不過那並不是什麼體面的工作，畢竟我不是工程相關科系出身的技術人員，也不是可以扛重物的健壯男子。我當時的工作是從廚房幫傭做起，也不是廚師，就是在廚房打雜的女工。後來又被調去洗衣部，再之後才被「提升」到文職的工作，負責送公文，但基本上還是個跑腿的。

　　如果以一個傳統女性的思維來說，當時我的工作收入穩定，上下班時間也很正常，我可以想著如何找個老實的莊稼漢嫁了，之後就當個平凡的婦人，在當地養兒育女並且終老一生，不過當時我的心就是不安分，總覺得對現況不滿足。

　　那年我 21 歲，說大不大、說小不小，如果以當時的年紀標準來看，這個年紀已經要決定好生涯了，男的

要確認行業，女的早已嫁做人婦。而我當時雖然是個拿鐵飯碗的公務員，月薪也有九千元，心裡卻天天想著：「這就是我想要的人生嗎？」

最終我還是勇敢的選擇跳脫出來，我放棄了很多人稱羨的臺電工作，決定去臺中闖一闖。當時我真的很勇敢，因為那時候我戶頭裡根本沒什麼積蓄，也還不知道往後要做什麼，我只知道我必須追求改變，我想要不凡。

從水里邁向臺中

二十多歲的我，儘管還不知道人生的目標是什麼，但是至少我知道我不喜歡什麼。我不能在一個錯誤的選擇上持續耗下去，我後來去到了臺中，因為較大的城市比較有發展的機會。

一個人在異鄉，人生地不熟的，要怎麼突破呢？關鍵就是要──認識新朋友，這也是我給年輕讀者的一個建議。任何時候，一個人要能夠拓展機會，不論是從無到有，或者是有了事業要開拓業績，人脈都是必須的。

甚至到現在，我回首從前，如果要我賦予人生成長時期一個帶來往後成功的關鍵，那我會説那個帶來突破的關鍵就是人脈。

人脈要從何而來呢？一定是靠累積而來。每個人

同樣一天都有二十四小時，為何幾十年下來，每個人累積的人脈卻大不相同呢？像我後來全臺從北到南都有朋友，並且是真心誠意互動的朋友，乃至於許多時候當我做銷售時，他們根本不在乎我銷售的產品，他們只要確認是「秋美姐」推薦的，那就一點也不需要猶豫，保證是可以信任的。這就是我的人脈關係。

相對來說，很多人幾十年過去，卻沒能累積自己的人脈，無法建立自己的信任度，我聽聞很多人排斥做業務的理由，是因為自己沒有人脈。

我認為正因為自己不敢嘗試做業務，所以才會越沒有人脈，結果這些人卻倒果為因，說是沒人脈所以不能做業務，那是非常奇怪的邏輯。

回過頭來，21 歲那年，從純樸的水里走向相對繁華的臺中，我一步步正在建立的，就是人脈圈。

即使我在中間有一段時期做不同的工作，畢竟為了生存總要有錢餬口，但是我的每一份工作都努力付出，也願意真誠待人，於是就逐漸認識新朋友。也因為人脈圈的效應，這些朋友中，出現了比一般普通朋友關係更

深入的友誼，這裡指的不是戀愛關係的朋友，而是願意
交心或更看重我的朋友。

　　包含我後來認識了教導我許多的乾爹，還有透過乾
爹的引薦，認識了他的拜把兄弟王界源先生，這些都是
我終身感恩、很寶貴的人脈。

　　後來我真的改變了我的人生，我不再是個平凡只賺
取每月微薄報酬的上班女孩，我有了可以賺到更多收入
的機會，有了更多收入，就可以創造人生更多的可能。

第三章

立足臺中，立志向前

　　許多人回首從前，會想到「當時如果做了怎樣的決定，今天可能就不是這樣了」。當然，人生沒有「早知道」，所有的後果都必須由自己的抉擇承擔。

　　也必須說，這中間有很多運氣的層面。以我自己來說，我在二十幾歲的時候，其實有好一陣子，我所處的圈圈，是屬於大家口中所說「龍蛇雜處」的那種環境，也就是江湖味比較重，朋友圈裡有所謂的「兄弟」，或者比較不是都市人那麼體面的圈子。

　　但是我很幸運，並沒有沉淪在酒肉朋友的氛圍中，也沒有染上八大行業的習氣。然而各行各業都有各自的辛酸，不是說哪一種行業比較高尚、哪一種行業比較低下的意思。

　　如果純粹以收入可以快速成長這件事來說，重點就

是我從領每月工資的概念，被引領到變成收入不要被月報酬綁住的思維，設定的月收入目標無上限，也就是業務的概念。

　　當年去臺中打拚時，我不算是典型的業務，但也不是上班族，不過過了不久，我就知道我必須挑戰業務工作。果然，這樣的工作讓我有了更多采多姿的人生。

擔任大家樂組頭

//////////////////////////

我乾爹的那位拜把兄弟王界源先生，他們一家人真的很照顧我，印象中，他的夫人我稱之為嬸嬸，簡直待我比親人還親，我幾乎以為她真的是我的親嬸嬸了。

無論如何，他們不只讓我這個從南投出來的鄉下女孩，在臺中有個比較安身立命的地方，也因為他們見多識廣，帶給我很多觀念上的啟迪。很重要的一個觀念就是要懂得抓住時機。

這也是我後來在不同產業打拚的一個重要基底思維，做任何事一定要掌握那個時代的趨勢潮流。例如我現在投入的安永全球，第一是產品能夠契合現代人的健康概念，而且結合自然養生、無生化負擔。第二是制度能夠另創新局，跳脫傳統的傳直銷產業給人的負面觀感。再來則是走向國際化，以及融入網路時代線上、線

下整合機制，這些都是掌握時代的趨勢。

回過頭來，當年二十出頭的我，在一九八〇年代，掌握到什麼趨勢呢？現代年輕人可能或多或少也聽過，而在我二十幾歲當時是非常狂熱的，那就是愛國獎券以及由愛國獎券衍生出來的「大家樂」地下簽賭。

以現在的眼光來看，大家樂比較像是賭博，而不像現今的樂透彩、威力彩那樣，有結合公益性質，且主要是提供給身障朋友一個自力更生的營生機會。

在當年，大家樂就是一個致富的夢，其本身以愛國獎券為基礎，相較於愛國獎券的獎項較少，大家樂只需對中愛國獎券的兩個數字就有錢可領，所以讓很多有錢沒地方投資的人，選擇以大家樂作為標的。

但是也因為很多制度不夠清楚，相關法規也沒有建立，因此有很多負面的影響。最常聽到的就是有人為了搏一個發財夢，竟然傾注所有身家，當時社會新聞多的是為了瘋大家樂，導致搶劫、騙財、暴力行為等種種離譜的行徑。

另外，也是在那個時代，開始有了「報明牌」的概念，什麼託夢神明指示的，一堆神奇上天指示都有。

無論如何，那個時候透過王先生的指引，我也投入了這一行，我不是那些瘋狂做著一夕致富夢的買家，而是擔任大家樂的組頭。

什麼是組頭？其實就是操盤人的意思，類似我們買股票時會委託經紀人，實際上現在很多人透過銀行理專理財，把錢委託給那些所謂的專家，畢竟自己也不一定看得懂那些複雜的金融術語。

但差別是金融經紀人制度是合法的，賭博卻是非法的。而在那個年代，組頭則是處於黑白之間的灰色地帶，無法可管，但也不違法（如果是現在，當組頭去簽六合彩或進行運動賽事地下賭盤就是非法的）。

總之，因為抓住大家樂的趨勢，且靠著王先生引薦的人脈，當時我不但有賺到錢，而且那時就已經有能力自己買房子了。

還好我沒有長期投入這種雖可以賺錢，但終究不踏

實的產業，在我擁有了第一桶金之後，剛好政府停辦了愛國獎券，一旦沒了這個對獎標的，大家樂後來就更加沉淪，演變成六合彩搖獎號碼，那就更是賭博了。

當時我已經退出這個產業，投入另一個真正對我後來有極大影響的領域——保險業。

業務是人生轉型的王道

//////////////////////////////////

我在臺中後來有了比較不一樣的發展。

相對於很多鄉下女孩去都市打拚，最終就是當女工，或者頂多變成上班族，領著不滿意但是勉強可以餬口的月薪。我選擇了比較不一樣的模式，關鍵在於如前所述的，我有人脈。而人脈不僅帶給我生意機會，並且在我年輕的時候，也直接影響了我的生涯。

當時我雖然不再從事組頭工作，但是我已經有了一定的人脈基礎，也包含很多的好姐妹，到如今都還保持著很好的友誼，其中就有一個姐姐，她引介我去做保險，這又是我人生另一個抓住趨勢的幸運。

保險的觀念，如今人人都可以接受，依照國際組織調查，臺灣在 2023 年時，平均每人持有 2.6 張保單。

但是把時光往前推幾十年,當時「保險」是個人人避之唯恐不及的名詞,甚至還有跟老鼠會連結的負面印象。而我投入保險產業時,正好是保險業開始形象轉變、準備蓬勃發展的起點。

那時是一九八〇年代,臺灣金融制度發生質變,利率、外匯、券商等不同金融環節,都有了新的制度,保險產業更是開放多元,百花齊放。

總之,這是一個新的商機,而我就在那年投入保險產業。後來更是在這個產業服務了七、八年,而我的成家立業等人生大事,也是在這段時期。

那是我從二十幾歲青春女孩,後來成為人妻、人母,整個人生由青澀轉型為成熟的穩定期。我在 1987 年進入保險產業,1993 年結婚,到 1994 年離開保險業。

對我來說,這段經歷給了我很大的影響,那就是讓我熟悉業務性質的工作。

事實上,沒有人天生下來就會做業務的,有的人可

能個性天生比較外向，比較不害怕跟陌生人聊天，但是這也不代表一定就能當業務。

業務工作是需要改變的，也就是說，當你面前有兩種選擇，一種是照著原來自己的步調走，不需要去面對額外的交流；另一種是被迫要主動跟陌生人講話，並且要說服他掏錢向你買東西。你會選擇哪一種？

我相信大部分的人都會選擇第一種，這也就是所謂的舒適圈，因為這個選項最簡單，不會有壓力，不需要強迫自己去與其他人接觸。

但是所謂的舒適，往往卻是最不佳的模式，短期的舒適，總是會帶來長期的危機。

就好比一個學生，他最愛做的事就是跟朋友瘋玩遊戲，如果永遠都只做快樂的事，那他就不會去寫作業、讀書，也不去考試。可是每個學生都知道，他還是得選擇「痛苦」的事，因為這些痛苦，才能引領一個人走向更好的未來。

道理人人都懂，可是當一個人長大，少了制度的

規範後，就又變成那個只想做自己熟悉愛做的事的人。
我年輕時也不是總是那麼積極，但因緣際會地，我後來
踏入業務之路，這是我的幸運，人生也就有了全然的
轉型。

第二篇

業務轉型篇

第四章
生涯成功起始式

　　我們每個人為何要到社會工作？講到現實層面，是因為人人都需要賺錢才能生活。而唯有基本的溫飽都顧到了，才能談到更高的理想。

　　以我來說，我賺錢的目的，最早的心願是要照顧好家人，這一點在我很年輕的時候就做到了。

　　後來我把夢想更加擴大，我要幫助更多的人，關於這一點，我努力不斷的拓展格局，不僅幫助到更多人，而且教育他們可以像我一樣，成為有力量助人的人。

　　回歸到源頭，這一切還是要有個起點：也就是要先讓自己有錢，才能助人。但很多人都是卡在這一關過不去，卡在明明知道要賺錢過生活，要是能更努力一些，就可以多賺一些錢照顧自己和家人，但是如果想要再多做一點，就力有未逮了。

為什麼會這樣？那是因為一個沒有跳脫舒適圈的人，助人的能力就會相對有限，當你每個月的收入就是那麼多，就算年資累積到還不錯的月薪時，想想這筆錢也只能拿來提升自己生活品質——買新車、添購家具、帶家人吃大餐，最多就是這樣了。

然而本來一個人可以有更大的可能性，可是就這樣安於有限的人生，的確是很可惜。因此我要給現在還年輕的讀者朋友建議，若有可能，設法讓自己跳出舒適圈，挑戰業務性質的工作吧！你將會看見，你對金錢的定義不一樣，你的人生格局也會大大不同。

踏出第一步很困難

初始我是不喜歡做業務的，這一點我跟大部分的人都一樣，對業務工作沒興趣，更別說是保險業了，像我這麼重視人脈關係的人去做保險，豈不是瞬間變成人人避之唯恐不及的老鼠了？我可不要。然而因緣際會地，我還是踏入了保險這一行，而且一做就是七年，當時我是在國泰人壽服務。

一開始我是存著助人的心去的，我一個好姐姐說她的單位缺人也缺業務，問我要不要過去幫忙，幫她們的組織業績達標。那個時候保險的形象雖然已經起步中，但是對大眾來說觀感還是不佳，因此我當時非常排斥。

不過我那個好姐姐跟我說「只要去幫忙三個月」就好，因此我心想好吧，既然好姐姐都這麼說了，如果我不去幫忙，心中過意不去，這才加入保險業。

　　後來我會選擇留下來，也是因為我所屬的單位業績壓力比較沒那麼大，說起來還是沒有脫離舒適圈的心態。那個單位是收款單位，也就是說，針對原本既有的保戶，每個月或每一季要去收款，這有一點像是行政作業的性質，所以對完全沒業務經驗的我來說，就比較可以接受。

　　然而畢竟是保險公司，如果只是想當個行政部門的乖乖牌，做做例行事務，那麼收入其實是很少的，甚至比一般上班族還要少。所以我還是得有所突破，我必須讓自己的收入不要依賴底薪，而這就必須得要做業務工作。但是當時才二十幾歲的我，的確不擅長業務。

　　如今想來，這也是我要給年輕人的建議：所謂「不擅長業務」這件事，根本就是一個迷思，如果說做水電工，這需要專業；如果說做平面設計，這也需要專業，這些都有自己擅不擅長的問題。

　　然而業務工作只有願不願意，沒有擅不擅長，重點在於你「敢不敢」踏出第一步，向陌生人主動推介產品。

我當時和大部分的人一樣，我是不敢踏出那一步的。所以如果你想挑戰業務，卻又心中怕怕的，不要覺得慚愧，你去問任何一個如今已經是業績銷售王，或是某個產業銷售冠軍的人，一開始的時候，一定也走過這段「怕怕」的階段。

　　無論如何，人生成敗關鍵，在於後來你有沒有踏出那一步。而我踏出了，而且業務這件事很實在，你只要有努力，就一定看得出成果。

　　就算你拜訪十個人只有一個人成交，那也不會是零，只要不是零，就代表做得越多，後面的效果就會漸漸發酵。那時你就會苦盡甘來，可以擁有比一般人更高的收入，也讓自己成為有能力助人的人。

勇敢真誠的承擔業務工作

我的起始點其實已經比一般業務工作簡單了，我當時不需要去做陌生開發，而是有一個現成的名單，並且是那種原本就是國泰人壽的保戶，只是過往可能業務斷層，所以後來必須委由收款單位來接洽，而不是由原本的業務員負責。

即便如此，我一開始心裡還是怕怕的。現在想來，剛開始我非常膽小，當我戰戰兢兢的去到指定地點，到了那裡，先是在門口附近晃半天，告訴自己不要怕、不要怕，終於鼓起勇氣去按下門鈴，等了半天（其實也才等四、五分鐘），一直沒人開門，我竟然是「鬆了一口氣」，心想好險對方不在，我可以趕快回去了。

但這是鴕鳥心態，我雖然回去了，可是事情還是沒有解決，終究我還是得去處理這件事。後來我只好硬

著頭皮，強迫自己要勇敢一點，必須要一個個真正去拜訪，畢竟這是我的工作，我必須要負責任。

當時我被安排的客戶群，主力是位在臺中市中正路，也就是現在的臺灣大道，那裡是重要的金融街，相對的挑戰性也比較大，因為我的客戶很多都是熟悉金融產品的，我必須要拿出專業，才能跟對方溝通。

後來我就想著，我是誠心來為你服務的，當心中這樣想時，就比較不會害怕了。而人一旦踏出第一步，前面幾次會緊張，後來就比較習慣了。不過習慣不代表擅長，做業務還是要有技巧，關於這個部分，就需要學習了。

當時在我拜訪的客戶中，有幸又遇到一位貴人了，這個貴人客戶是一位代書，名叫王金城，他看我青澀帶著畏縮的模樣，就善意的提醒我，一個人要對自己的產品有信心，這樣才能搏取客戶的信任。如果你的表現看起來好像連你自己都不信任自家的產品，那憑什麼要客戶跟你買東西？

這位貴人同時給了我一個建議，要我回家先對著鏡

子練習，當我做到自己都願意欣賞自己時，再來面對客戶。於是我真的就照這位貴人的建議，回去照鏡子，看著鏡中的自己，的確是一副讓人覺得不夠專業的瑟縮模樣，我甚至覺得鏡子裡的自己有點好笑。

但是我想要改變，我必須要改變，於是我再次看著鏡子，調整了一下自己的表情，讓自己臉上帶著微笑，讓自己的眼神有著自信，讓自己笑的時候不要太假。

要怎樣讓客戶感受到自己的真誠呢？我發現臉上的表情要鎮定，才能夠展現自己的服務專業。我就這樣練習了一段時間，站在鏡子前不斷調整臉上的表情，而且既調整表情，也調整好自己的心態。

就這麼練習一陣子，當我再度看著鏡子裡的自己時，我看到了一個比較有自信的女子，我笑著對著鏡中的我說：「OK，你是最棒的！」

從那個時候開始，我整個人變得煥然一新，後來更是成為單位裡的業績王，而且一直到我離開保險業之前都是如此。

第五章
業務的正確心態超過各種技巧

如今，我在業務領域也算是有一定的實力，截至 2024 年春天，我已經在安永全球事業做到七星級的位階，並且可以預期就在這一年，我可以達到準八星級的成就。

這樣的我，的確有相當的業務能力，也因此許多年輕朋友會來向我請教：「秋美姐，你是怎樣做好業務工作的？要像你這樣業績領先，需要什麼技巧？」

說實在的，我們知道很多的工作領域都需要累積經驗及技藝，業務工作也是靠時間的累積，但卻又是完全不同的概念。

當我們要製作一件手工藝品、要寫一個程式，甚至打遊戲要破關，都需要「技巧」，但是如果你問我做業

務需要什麼「技巧」？一開始我還真的回答不出來。那是因為比起技巧，從事業務工作（其實也包含從事任何事情），重點都是心態，而非技巧。

　　我當年可以一步步做出成績，如今回想起來，也不是靠什麼說話技巧或者心理學成交術等等，我就是靠著認真踏實以及一片誠心，逐漸獲得客戶的信任。而「信任」，可以說是從事業務工作者的無價之寶。

業務就是以誠待人

////////////////////////////

　　當年青澀的我，做業務銷售，口條肯定不夠流利，應對也不夠機敏，但是客戶仍然願意跟我做生意，我想他們看中的就是「我這個人」，我就是不會耍心機，不是一心只想成交而不擇手段的人，也從來不是口是心非的人，基本上，我就是個單純想做好這件事的人。

　　其實對大部分人來說，他們對業務的要求並沒那麼高，只要真心誠意就好。而我的確是真心誠意的，後來不但成交了許多新訂單，而且第一年就在單位受到表揚，並且跟許多客戶都成為好朋友。

　　從那時到現在已經超過二十年了，至今還是有很多人跟我保持聯繫。例如每年春節都會來我家打掃的清潔公司，就是從我做保險時代就結交的好朋友，也是從客戶變成朋友，然後到府服務也就這樣超過二十年。那種

以幾十年為單位計算的朋友，我身邊很多，這都是珍貴難得的。

我那時做業務以服務客人至上，現在也是如此。當年從事保險工作時，我可以服務到什麼地步呢？服務到許多客戶真的把我當成一家人。後來還曾經遇過我去某個客戶家時，他們家是開店做生意的，對方一看到我來就很高興，因為她有事必須離開一下，店面可以暫時交給我代看。

還有客戶就讓我把她家當成自己家一樣，我跟她們家人也都很熟，有時候還去幫忙照顧孩子。甚至有些客戶要出國，也把家裡的鑰匙交給我，讓我三不五時就去她家看一看。

其中有一位客戶是貿易商，比較會長期出國，她還說很放心把房子交給我照顧，因為我不僅時時去查看有沒有異狀，而且還雞婆的幫她整理原本雜亂的內務。

有一回我協助某個藝術家客戶顧房子，我去她家時，因為看不慣環境髒亂，幫忙她打掃書房，結果我在地上撿到一張支票，而且是可以即刻領錢那種沒有劃線

的支票，金額是十萬元。說實在的，如果我撿走了而且去提領，因為沒有記名，所以對方也不會知道是我領走的。

我當然不會這樣做，而是很誠實地把這張支票交給屋主，對方也衷心的表達感謝，那年她給了我一個大大的紅包——跟我簽了一張五百萬的保單，讓我成為全單位的業績王，真的很感恩。而我真的不是靠什麼技巧，而是以誠待人。

誠，就是最佳的業務王道。

我為何業務蒸蒸日上？

談起我的個性，相信身邊很多人都會給我類似這樣的評語：熱心、熱情、願意付出……等等，我也不諱言的說，換個字眼來講，我就是超級雞婆的人啦！

我是從什麼時候開始變得雞婆的？也許是從我做保險服務的時代開始的。從小我就是個能者多勞的人，畢竟父母都很忙，我必須姊代母職，操理家中很多的事。但那時候我不是那麼雞婆的人，我只是任勞任怨的做事。

後來決定出外闖蕩，我也始終不是開朗豪放型的人，直到投入保險業的第一年，我都還是很內向、不愛講話的人，也不特別愛管別人的閒事。

然而從事保險多年，我慢慢變成一個「喜歡把別

人家的事當成自家事」的人，其實很多事是互相的，當我為了感激客戶對我的厚愛卻無以回報，於是我就選擇幫對方多做一點事；反過來，當我願意為客戶多做一點事，結果客戶就更加喜歡我，然後願意給我機會提供更多的保單服務，也願意介紹新朋友給我認識，這形成了一個正循環。

所以我的業績越來越好，當年初出道時，可能一整天連客戶的門都不敢敲，也簽不到什麼訂單，但是到後來已經變成我不需要到處奔忙，而是客戶主動來找我，我還必須排時間去跟他們見面簽單。

我的業績好到什麼程度呢？一般我們做業務的都知道，每個月公司都會要求一定的業績額度，我們必須設法達標。但若是某個月可能約談不順，眼見快到月底了，卻離達標還差了一些額度，這時候怎麼辦？很多人通常就會自己買保單，我所認識的同仁們大部分都做過這種事，甚至在新人階段就已經用買保單這一招，來湊足自己該月的業績。

但是自從我去保險公司報到之後，前後服務了七年

多以來，直到婚後因為要照顧家中事業而離職，整段期間我從來沒有為自己買過保單，反而是直到離職後，才向我以前的同事投保，我的業績一直都很好，從來都不需要靠自己買產品來填補額度。

回歸到許多朋友請教我的問題，我的業績為何那麼好？我真的不需要靠什麼讀心術、肢體語言學還有談判必勝法……等銷售技巧才能成交，我只靠願意比別人「多付出一點點」，就可以創造正循環。

若是有什麼業務必勝的招數，那麼我跟朋友們推薦的，就是像我這樣願意真心誠意付出。

請記住，如果是刻意討好對方，但是內心裡其實希望對方予以回報，這樣的付出並不算數，所有暗藏心機的服務都很難成功，因為你以為對方不知道，其實每個人散發出來的「心術正不正」，還是感受得到的。

所以我衷心建議還是回歸心誠，真心的去為客戶服務吧！

當然，我的意思也不是說坊間的各種行銷知識工具

都沒有用，例如我這些年就努力向林裕峯老師學習「提問式銷售」，以及公眾演說技巧，這些都是提升自己與人互動、加快成交的有用方法。

不過這些也全都是輔助性質，重點中的重點依然是我一再重複的那句話：誠心待人，誠心做業務，客戶感受到了，久而久之自然會回饋訂單給你。

第六章
不滅的業務魂

　　說起來我的業務資歷很豐富，並且體驗過不同型態的業務。最早時候的業務，就是手拿著公司給予的客戶名單，挨家挨戶去拜訪，結合原本的收帳服務，進階討論後續的加保事宜。

　　後來做業務工作變得如行雲如水，對我來說，此時業務銷售就跟喝水吃飯一樣平常，我每天自然而然的就是在做業務。

　　到了這個境界，我甚至不需要去關注每個月的業績目標，全心全意把主力放在「還有誰需要我的服務」？

　　到現在則是可以透過公眾演說，帶領組織，以照顧更多人為服務宗旨。

　　先做好服務，自然就會有業績。

說到底，業務本來不就是一種服務嗎？只是太多人為了生計，聚焦在「每月賺多少錢」這件事上，搞到後來，「讓客戶簽單」變成目標，反倒忘了我們要先滿足客戶的需求。

當客戶的需求被滿足、被服務到了，我們的收入自然提升，而不是反過來先計算自己荷包，然後讓客戶變成我們賺錢的踏板。

其實這是一種體悟，我相信全世界的業務都一樣，在新手青澀期，總是念茲在茲今天又簽到了幾個客戶，等到真正悟到業務的真諦時，願意全心滿足客戶的需求，那才能更上一層樓。

當一個人把業務當成很日常的一件事，生活處處是業務，這樣的心態可以讓自己無論去到哪一行，都能將業務做到頂尖。

我後來不論從事什麼產業，包含我自家的飯店商品生意、傳直銷生意、團購網，以及我現在的新形態電商，都很自然地就成為了業績王。

　　別人說我成功像喝水一樣簡單，但是我不得不說，
你如果願意把「幫助別人」當成跟喝水一樣自然的心
態，你也一定可以成功。

離開職場依然不忘業務魂

1995 年，當時我結婚已經一年，也有自己的小孩了。母職是天性，由於自己小時候爸媽總是忙著工作，無法全心照顧我們五個小孩，為了不讓我的孩子也有這樣的童年體驗，因此我在孩子的成長期間，除了小孩出生前兩年專心當個全職媽媽外，同時也沒有放棄回到職場工作。

就這樣，我從 33 歲到 37 歲這段長達約五年的時間，前後生養了一男一女兩個孩子。大約在老大 2 歲多讀幼兒園時，我就開始回到工作職場，其間開過純植物芳香精油店，也開過卡拉 OK 店。我很喜歡挑戰自己，因此即使回到職場工作，但孩子都是由我一手帶大的，三餐也都是我親自下廚的。

如果對上班族來說，一旦離開職場，等孩子大了想

要再重回職場，早就已經時移事往，甚至連工作型態都改變了，完全不可能銜接得回來，更別說要接軌產業的其他任務了，總要有很長的一段適應期。

所以許多家庭主婦會有這樣的感慨，以前年輕的時候，在公司還擔任主管職，各方面表現都亮麗風光，可是一旦嫁了人，過了幾年奶瓶、掃把、抹布的主婦歲月，再回頭人事已非，許多人因此就回不去了。

我從年輕時就看到很多婦女全心為家庭，等孩子長大有了自己的生活，才發現自己變得孤單一人，想要再重回職場也沒有人要聘用，這就是我堅持不跟社會脫節的原因。

不過這個世界上有一種工作永不落伍，不必擔心過了幾年就無法銜接，那就是業務工作。對我來說，一旦嫻熟了業務工作，一切真的就像吃飯喝水那般簡單，我就算離開職場一段時間，後來再進入產業，又是一尾活龍。

這也是我給年輕讀者的一個建議，要趁年輕讓自己儘早接觸業務性質的工作，懂業務、不怕生的人，永

遠不必害怕失業，也絲毫不受年紀的影響，就算你七老八十了，只有腦筋還清楚，口齒還流利，甚至拄著拐杖也依然可以做業務銷售。

基本上，業務銷售就是一種服務精神，一種服務熱忱，只要人還健康，可以走可以說話，就可以做到服務。對於從事業務工作的人來說，如果要多做一點，那就讓自己像我一樣，變成雞婆的人吧！不要怕人家說你雞婆，你雞婆但是幫助了別人，而不是聊是非八卦的那種三姑六婆。

說起來，我的姻緣也跟我的雞婆個性有關。那年是1992年，當時我還是國泰人壽的保險業務代表，那時會認識我的另一半，就是因為我在個性上很會照顧人，沒想到照顧到後來，乾脆整個人嫁給對方，一輩子互相照顧扶持。

從業務銷售員到嫁做人妻

我先生姓林，他是個職業軍人，個性比較憨厚老實，但是這樣的個性不代表不能做生意，我當年就是陪同他一起創業的夥伴。

他因為家境不好，從小就去讀軍校，士官學校畢業後在軍中服務，退伍時才 28 歲。那個時候我從事保險工作很熟練了，但是也不忘自我精進，常常去上各種課程，好讓自己不跟社會脫節，這樣往後在跟客戶交流時，也不會顯得除了保險產品其他什麼都不懂。

也就是在某一個學習的場合，我認識了我先生。當時我的腳受傷，比較不方便到處跑業務，不過我還是想利用那個時間做學習，於是報名去參加一個培訓課程。課程中有些團隊遊戲之類的項目，必須彼此合作，也就是在那個時候，跟我先生開始有了互動。

一個人一旦養成了業務銷售的習慣，那是一種融入骨子裡的自然反應，碰到任何可以行銷服務的機會都不會錯過。只不過那一次我因為腳受傷，去上課純粹是為了學習進修，並沒想要去洽談業務，所以我那天身上沒有帶名片，而我先生倒是帶了。

　　有了名片後，下一步自然就是要造訪了，我上課那時候因為腳受傷，行動不太方便，所以沒有立刻安排跟他見面，也沒有約定哪一天見面。過了一、兩個月後，有一天我去拜訪客戶，剛好經過某條街，印象中那位林先生好像住在這裡，於是我當下拿出名片一看，便打了通電話給他。

　　剛好那天他有空也在家裡，於是我們便又再次見面聊了起來。沒想到這一聊才知道，原來林先生那時候想創業。如同過往我經常做的保險服務那般，彼此聊著聊著，客戶往往就會把我當成自己人，因此我和林先生聊到後來，他把什麼夢想計畫都跟我說了。

　　我的年紀雖比他小一點（當時 27 歲），自己也沒創過業，可是我的社會歷練比他多太多了，此時我雞婆

的個性不免再度浮現，於是主動開始跟他討論起創業的各種注意事項。

就這樣，起初談保險，後來也聊創業的種種，那時林先生跟另一個創業夥伴住一起，兩個大男人也不懂整理家務，甚至不會煮飯，三餐都吃外食。這更是激起我的母性大爆發，從此就經常去他那邊幫忙，早上買菜、中午煮飯，真的服務到家了。

然後就自然而然的，從我偶爾幫他們煮飯，變成天天幫他們煮飯，最後林先生乾脆就把我娶回家了。

那時候他的創業項目是清潔用品，源於先生在軍中服務時，認識了這方面相關的人脈，而我後來也就自然而然成了這家公司的老闆娘兼財務總管，當然更重要的職位，還是擔任母親啦！

如果我像個傳統女性，是可以從此相夫教子，專心當個賢妻良母就好，可是我的業務魂沒有熄滅，終究閒不住的我，又開始雞婆起來，做起了業務。

第三篇

多元生活篇

第七章

走入家庭亦不忘業務工作

　　如果問我業務的定義，我的說法不一定跟教科書上說的一樣。不過在實務上，各大專院校並沒有開設所謂的業務學，而只有行銷學、市場學乃至於組織學……等課程，卻沒有一個科系教人家怎樣當一個最佳業務員。

　　在現實社會中，人人都需要做業務，可是業務的很多環節，往往是只可意會不可言傳的，就好像校園中也沒有所謂的孝順學、慈悲學……等課程，很多事都要靠自己體悟。白紙黑字只能傳達理論，不代表可以實用。

　　對我來說，業務始終就是一種「滿足服務需求」的作為，任何人在自家的社區，好比你聽到鄰居王先生的車子壞了，好心幫他介紹某個保修技術很好的車廠，並且跟他分享，你上回買的某某廠牌機油，開起車來都很順暢。整個過程你就是在和對方分享，但其實你無意間

已經在做業務了。

　　要做這樣的業務，人人都可以，只是到了後來，當業績跟收入綁在一起，便開始有了分別心，有了超過服務以外的妄想。也就是説，賣東西不顧對方需不需要，只想著怎樣蠱惑對方掏出錢，當你開始這樣想的時候，業務就變質了。

　　我心目中對業務的定義始終如一，那就是好東西要跟好朋友分享，他若沒興趣，我就再找其他人分享，沒有所謂的失敗，也不會影響我跟那個人的友情。業務實在很簡單，如果一般人不要想太多，真的人人都可以做業務。

從事清潔銷售事業

以廣泛的定義標準來看，我即使婚後也依然在從事業務，不一定要在保險公司銷售保單，或者去傳直銷公司賣健康食品才叫做業務，我自己家就是做生意的，當我主動推介商品給買家，就是在做業務。

不過婚後我的確不再像從前那樣，每天把行程排得滿滿的，由於我們有自己的店面，先生過往也已經有了一些固定的客源，我們比較屬於 B to B 的形式，比較少有零售客戶跑來店內買東西，而是批發給飯店、醫療院所等單位，這部分的外務由我先生去跑，而我在家顧店，也照顧剛出生的小孩。

我算是家管兼財管，但即便是坐在家裡，腦子也是不斷的在運轉，構想一些行銷的企畫案。原本我們清潔用品店有一大客群是酒店、舞廳等所謂的八大行業，那

些單位透過我先生原本的關係，知道他們有大量的清潔用品需求，就由我們來做服務。

後來我跟隨先生加入教會，也經常去參加主日或者聚會，跟牧師比較熟了以後，他會以宗教的視角向我建言，我們這樣子和八大行業往來，對身心靈不太好，是否可以多拓展一些比較「潔淨」的領域？

老實說，年輕時候自己曾經當過大家樂的組頭，認識了一些三教九流的朋友，後來從事保險工作，也見過各式各樣的人，我覺得各行各業只要不去傷人、害人，職業無分貴賤，沒有對錯，也不一定誰比較乾淨、誰比較汙穢。

但是我當時的確聽取了牧師建議的另一個重點，那就是要多開發其他的商品及客源。

從善如流的我們，後來就拓展新的銷售品項，我們把主力市場拓展到飯店、旅館、民宿，賣的是牙刷、洗髮精、刮鬍刀、沐浴乳……等，這些可以提供旅人用過即丟的商品。

做生意其實包含很多業務的環節，人家說創業維艱，我自己當時雖然有五年的時間沒有從事業務工作，但如果以廣義的業務銷售來說，身為一家公司的老闆娘，我還是要天天與業務工作為伍。

那時我們擴大了品項，市場變大了，可是生意真的很不好做，因為我們的商品沒有獨創特色，很容易被取代，而且競爭者又很多。我們當時是跟臺灣廠商進貨，扣掉成本後其實利潤相當微薄，如果要加價販售，又會失去競爭力。

因此等後來孩子大一些的時候，我們公司請了會計，而我也加入先生的行列，去外頭跑市場，並且將觸角伸展到國外。

過往我並不常出國，但是自從參與了公司經營後，我不得不常態性的出國，不是去旅行，而是去大陸開發更便宜的供貨源。

記得那時候我的小女兒已經上幼兒園了，也很聽話乖巧，我經常就帶著她一起出差。結果從小耳濡目染的她，比起我的長子更有商業頭腦，再大一些之後，也開

始協助家裡的事業，成了另一名業務好幫手。

從我們家的案例也可以看到，如果有可能，在不影響學業的前提下，讓孩子有機會多接觸商業銷售，對他們後來的人生也是很有幫助的。

學習當個母親

////////////////

很多事情會與不會，往往只是你願不願意去做的問題。只要願意做，什麼挑戰都可以突破；如果不願意做，自己就會天天給自己找藉口、找不想做的理由。

我在公司擔任財務管理，但是我很會理財嗎？其實我的數學底子不太好，學歷也不高，根本沒修過財務相關的課程。

但是我可以說因為不懂就雙手一攤嗎？那年是1994 年，我之所以辭掉保險工作，除了要照顧孩子外，更因為公司需要我幫忙，原本跟先生合夥的朋友退股了，我必須來負責財務這一塊。不是會計出身的我，怎麼操盤會計作業呢？就只有自己主動去學。

我去會計協會苦學了三個月，過程中也有朋友來教

導我怎樣做應收帳款、分類帳等等。加上我妹妹當時在國稅局服務，她對記帳也很厲害，我就請她來擔任我的老師，教導我怎樣做傳票。

總之，人只要想做，就一定可以，心願的力量很大，這世上沒有什麼是不可能的。

太多東西都是從無到有開始摸索起來的，那時候為了生存，碰到問題沒有什麼「怎麼辦」，你就是得想辦法去把事情處理好。那時為何我得親自去大陸東奔西跑的？就是為了在激烈的競爭市場中取得一席之地，我必須開發貨源。

儘管那時候就已經懂得透過阿里巴巴等網路平臺叫貨，但是在那個年代，這些網路貿易機制還有很多不完善的地方，買賣糾紛也很多，經常發生實際到貨跟樣品不一樣的情形。

為了確保品質，我就得親自飛過去工廠那裡，一方面當場驗貨，另一方面也要跟廠商培養感情。培養感情這件事對我而言駕輕就熟，因為一路以來我就是與人為善、廣結善緣，不論在臺灣或大陸都是這樣。

而為了讓關係長長久久，我那幾年也算兩岸勤跑的空中飛人，因為商業這件事，必須常常聯絡，如果有幾個月不見，就一定會出狀況，一點都疏忽不得。

其實這個道理跟我們實際的業務服務經營一樣，當我後來重回業務戰場，從事傳直銷及電商事業，我的組織之所以能不斷成長茁壯，也是因為我跟團隊常保持感情聯繫。可以說一理通樣樣通，人生只要不設限，你願意做就一定可以闖出成績來。

我當時離開保險產業，主要是因為公司的會計離職，我需要回來承接他的工作。另外還有一個人生最大的使命，我再怎麼有事業心，本質上還是個女人，是個媽媽，我也是要學習如何讓自己收拾起一顆常常想外跑事業的心，要花更多心思在養兒育女這方面。

必須說，我是一個性子很急的人，小時候雖然曾經姊代母職，幫忙照顧家裡的四個弟弟妹妹，但是在本質上，像我這種比較沒耐性的人，不擅長照顧幼兒這樣有許多繁瑣的事。

我在 1995 年生下大兒子後，好不容易養育到他準

備上幼兒園了，當我正想要鬆一口氣，以為可以有更多
自己的時間時，沒想到小女兒在此時來報到了。有時候
兩個孩子哭鬧時，我也會有些不知所措，然而還是那句
老話，沒有會不會，只有願不願意，帶孩子這件事，也
一樣必須學習。

　　常聽人家說我把兩個孩子帶得超好，他們兩個小時
候很少生病，也沒有長過痱子，我雖然不是模範媽媽，
但是也讓兩個孩子健健康康的長大了。

　　認識我的許多朋友，看慣了我平常大剌剌、熱心助
人、外向好動的性格，當他們看到我也有細心的一面，
能這樣養育出好孩子，都覺得有點不可思議。

第八章
生活及業務的不同面向

　　如今想來，我的人生經常扮演著全能的角色。有時候回想起來，也覺得自己怎麼那麼厲害？實際上就是身處在那個環境，你沒有任何藉口，就是必須讓自己能者多勞。

　　小時候我是因為家境的狀況，自己才5、6歲年紀時，除了必須顧好自己外，還得承擔照顧弟弟、妹妹的責任，同時還要兼顧課業以及許多家事。從事保險業的時候，隨著客戶越來越多，我要從早忙到晚，每天總有應接不暇的狀況，有許多單要跑，哪個客戶要簽約、哪個客戶有問題，還有碰到理賠時，我要同時面對客戶的需求以及公司的規定。

　　等我離開保險業，跟先生一起創業後，那更是一刻也不得閒，不但要扮演好公司財管、公司採購及公司

各項庶務等多重角色，同時還要扮演好最重要的媽媽角色。

基於責任感，即便我那時已經離開保險公司了，但是若是過往的客戶有遇到狀況，我還是會襄助處理。原本雞婆個性的我，就閒不下來了，而且這個世界那麼多人需要我，我怎麼可以懈怠呢？

我就是這樣一年一年忙個不停，跟我相處的夥伴總是問我：「秋美姐，你怎麼那麼能幹？碰到任何事都可以游刃有餘把事情扛下，並且做到很好？」

這都是歲月鍛鍊出來的啊！任何人只要願意做當責的人，也一定可以和我一樣做到十項全能。

閒不下來的闆娘
/////////////////////////

　　我後來再次重出江湖做業務，是在飯店旅館備品公司營運比較上軌道後，而當時兩個孩子也到了可以獨立就學的年紀，不過在那之前，我不只是擔任公司闆娘，負責一般營運的事情而已，我那時還曾開創一些新的人生嘗試，例如我曾經自己開著麵包車，沿街去叫賣。

　　在古早年代，這樣做生意的方式比較多，即使到了現在，在一些偏鄉地區也都還存在著，就是把車子當成商店，開車沿路兜售商品，通常會伴隨車上喇叭播音放送招攬客人，然後選幾個定點停下來，車廂是活動型的，兩旁側板可以放下來，像是電影裡頭變形金剛的車子可以變形那般，前一刻還是車子，下一刻就變成了一個立體攤販。

　　我當時也是類似如此，只不過我是載著公司裡的各

種清潔用品，去各鄉鎮到處兜一兜尋找客源。這也是跳脫原本 B to B 的做法，我那樣開車巡迴，是直接面對第一線消費者，基本上就是去社區，另外還有一個主力客源，那就是檳榔攤，她們會經常向我買衛生紙，此外還有塑膠杯的銷量也不錯。

我那時候與其說是幫公司開發新的業務，不如說是讓自己可以開著車到處跑，同時也讓自己不要疏忽了業務的基本功。

其實業務也需要勤練，找機會就去跟陌生人講話聊天，不然我雖然已經有了業務魂，如果說有個一年、兩年完全中斷不跟外界聯繫的話，與人溝通的能力恐怕也會變得生疏。

那幾年，我一邊開車銷售一邊四處交朋友，通常就是選在白天孩子都去上課了，公司裡有會計等內勤人員看顧，於是我就一個人開著麵包車去做銷售，等到快黃昏了，再開車去接孩子放學。

那些日子我的勤跑也沒有白費，實際上，當我後來從事傳直銷及電商時，我的組織都能很快速成長，人家

問我怎麼會有那麼多的人脈？很多人脈就是那個期間，在外頭一邊開車送貨，一邊跟人們聊天，認識了許多好姐妹而來的。我有很多長期客戶，也是穩固的好朋友，就是以誠待人這樣建立起來的。

說起朋友，各位讀者不妨可以從通訊錄或通訊軟體中列出你的朋友清單，這裡面有多少是真正的朋友？相信已經在職場上奮鬥多年、特別是從事業務工作的人，可能手邊的名片一堆，但是真正可以視為「好朋友」的卻沒幾個。至於過往幾十年建立的交情累積，更是少之又少，有的人還越老朋友越少。

而我的朋友都是彼此珍惜來的，包括從二十幾歲就認識的朋友，到現在都還保持聯絡，從我從事保險工作到後來自家經營飯店旅館備品公司，我的朋友圈只有增加沒有減少。

我的朋友多到什麼程度呢？當時我為了想要有一個固定的聚會場所，那一陣子甚至在臺中大里開了一間卡拉 OK 店，讓我的好姐妹們隨時都可以來唱歌相聚，放鬆一下。

　　說起來，這還是我自己真正創業的唯一一次，我的人生大部分時候都屬於衝鋒陷陣的業務主將，真正創立一個屬於自己的事業，就是這家小小的卡拉 OK 店。

　　回顧起來，我的人生不管在哪個階段，還真的都非常多采多姿，絕對不會無趣。

淺談我的教育哲學

/////////////////////////

我在大兒子脫離襁褓期,開始進入幼兒園就讀後,我就開始活躍起來,開麵包車出去做生意。卡拉 OK 店的經營,也是在照顧大兒子的期間。

不過後來我越來越忙,開始變得分身乏術,因為不久後我的小女兒也來報到了。懷孕期間也沒辦法經常去店裡,只好把卡拉 OK 店頂讓出去,專心在家照顧女兒。等過了兩、三年,小女兒上幼兒園了,我就又開著麵包車出去到處兜售。

我不只開過麵包車,我還會開 3.5 噸貨車,反正什麼事都要會。我們的一大客源是醫院,醫院經常會有大量衛生紙及紙杯的需求,由於我們沒有另外請司機,因此那時候我都得開著 3.5 噸貨卡幫忙送貨。當時我讓小女兒坐在副駕駛座,就這樣一邊照顧女兒一邊送貨。

　　說起兒女，我本身很重視體驗式教育，並不是說學校不好，但學校終究是建立基礎理論的地方，不能取代真實的人生。真實的人生，講嚴肅一點，就是個戰場，除非是含著金湯匙出生的人，否則每個人這一生都要為自己的生活而挑戰。

　　這是很現實甚至是很殘酷的，我不認為一個整天看書考試得高分的人，就可以輕鬆因應生活。所以我教育孩子的方式屬於開放式的，不會設什麼限制，就好比我去做生意，孩子也可以帶在身邊，就是要讓他們見識到現實的社會模樣。

　　我不會強迫他們去補習或學什麼才藝，但是對於他們有興趣的事，就鼓勵他們參與。以我女兒來說，她小時候經常跟著我外出，甚至有一段時間，每到寒暑假就跟著我去大陸做生意。

　　而她的學業依然很好，考上名校外文系，後來也勇於去海外闖蕩。她的視野廣闊，個性敢於冒險，大學剛畢業就去美國參加技術交流，打工兼遊學，後來又去加拿大旅遊。2024 年 9 月還去英國讀行銷管理，希望將

來能夠協助我的事業。

她的一切我都不會擔心，因為從小就是個見識廣博的孩子，這樣的孩子人生海闊天空，不會像是掉入社會叢林的小白兔，她已經養成碰到問題先思考解答，而不會退縮。

其實我在某些方面像是個傻大姐，有時候抓大忘小的，結果反倒常常需要我女兒提醒我。例如她還是學生時跟我去大陸談生意，都是她在提醒我許多注意事項，諸如退房時有沒有忘了帶什麼東西等等的。

記得我自己中學時一個人去臺北闖蕩，想要嘗嘗獨立自主的滋味，結果不免還是想家，一畢業就趕快回南投。我女兒儘管一方面有著四海遨遊的大志，另一方面也總是念著家人，她讀大學的時候，就刻意選擇臺中的學校，平日雖然住學校宿舍，但是每到假日都一定會回家，我每週五還會親自去學校載她，直到週日晚上再送她回學校。

我知道很多的媽媽們都有教育孩子的煩惱，許多孩子可能到了青春叛逆期就會想逃脫這個家，好像家就是

個樊籠似的，許多孩子一離開家就很少回來了，徒留老爸、老媽在家裡朝思暮想、牽腸掛肚。

我本身不是教育專家，但我認為孩子不是我們的財產，有時候我們愛得太深，對他們反倒會成為一種壓力，這壓力甚至大到讓孩子想要掙脫。也有很多家長把孩子當成自己的傳承命脈，把自己的夢想託付到子女身上，沒去想到還沒社會化的孩子，其實心靈無法承擔這種重擔。

而我選擇的是自由開放，與其說把他們當成子女，不如說把他們當成朋友。當成子女會有親情壓力，然而當朋友卻可以一世交好，我的孩子就是我的朋友，我這個人最愛交朋友了，朋友跟我相處都很愉快、很自然。

也是這樣，我不去綁住我的孩子，孩子卻自然而然可以和爸媽親近，這就是我的教育哲學。

第九章
如何建立人脈圈

　　以個性上來說，我比較活潑外向，喜歡跟朋友歡聚相處，我也樂於經營事業，但是跟為了自家生意業績操忙比起來，帶領業務團隊，每天可以親自幫助更多人成功，是我比較有興趣的方向，所以我後來又重新回到業務戰場。

　　我知道我現在很樂在工作，但是對很多人來說，同樣的場域卻被視為畏途，為什麼？明明我跟大家拿到相同的產品，處在同樣的制度，並且我也跟大家一樣，一天只有二十四小時，為什麼對我來說，一個可以讓我活力滿滿的好環境，很多人卻不能感受到？

　　我想這其中最主要的關鍵，還是在於心態。

　　我說我是在幫助大家得到健康也賺到財富，但有人可能只想到要怎樣招募人、賺到錢維持生活。我看到每

個朋友就想到自己可以怎樣幫助他，但有人看到人就想到，他願意花錢買我的東西嗎？

我不是自命清高，也不是天生樂善好施的大善人，我覺得人與人之間之所以會有隔閡，就是因為你不夠投入。當你遠遠的看著大眾來來回回，自然會把自己視為旁觀者，而一個旁觀者永遠缺乏熱情，也得不到友情，這樣的人會害怕業務，因為對一切感到疏離，這樣的人甚至連自己都不敢面對。

任何人選擇遠離人群，也就等同逃避生活。怎麼辦呢？很簡單，勇敢的融入人群就好。這真的一點都不難，有機會來認識我，秋美姐來帶你一起加入歡樂的朋友圈。

建立死忠人脈圈，你也可以做到

//

　　我的朋友很多，並且有很多都是對我死心塌地的支持。我朋友對我的支持到什麼程度呢？很多人總是跟我說：「秋美姐，你的這個產品我不懂，也還沒空去了解。但是只要是你推薦的，我就一定加入。不論是什麼系統或什麼團隊，秋美姐你要我加入，我二話不說一定加入，請務必算我一份。」

　　這就是我的人脈圈，我也常常被我朋友的信賴所感動。

　　當然，我不是什麼大名人，我也沒有明星魅力，大家之所以都願意對我那麼信任，這都是靠著時間累積來的。長久以來，我就是重然諾、重義氣，永遠把朋友的事當成自己的事，這樣的我，逐步累積出來的信任度是難以被取代的。

於是我彭秋美就慢慢變成一個品牌、一個信譽，乃至於當我做生意或各種業務銷售時，大家第一個看到的是我，再來才去評量公司以及產品。到後來，只要是我彭秋美講的話，大家都一定相信。

朋友們讓我最感動的話就是：「要匯多少錢？帳號給我，我立刻把錢轉過去。」這種信任累積不可能靠偽裝能得來的，一個假情假意的商業面孔，也不可能撐得了太久，不到幾個月甚至幾星期就會現出原形，更何況我是經歷二、三十年的考驗，許多老友都可以做見證。

像我在從事保險服務工作的時候，我就已經跟人交心到有什麼好東西先聽我推薦，他們再跟著我。當年我才二十多歲，有一個忘年之交，對方已經年過六十，我稱呼她李姐姐，她就是很信任我，甚至我那時候出國時，她也跟著我一起去。

還有好多朋友也是我的貴人，如今偶爾靜夜中想起從前，想起那些人，都會感到很溫馨。我記得有一個客戶是從事美業的，她每回看到我，都像看到多年老友般的高興，因為她說，每回我來都會帶來正能量、帶來

歡樂，她也跟我一樣有點雞婆個性，有一次她看到我就說，看我的眉毛不夠粗，她要免費幫我畫眉毛。

我也從不拒絕她，不會當場給她掃興，她畫完後跟我一起照著鏡子，問：「有沒有變得更好看啊？」

我就很開心的說：「有啊！」

其實我後來一走出她的店門，離開比較遠後，就用面紙把她畫的眉毛擦掉，但是我仍對她很感恩，我也從不當場給客戶難堪。畢竟每個人的價值觀不同，跟大家相處就是尊重就好，不需要爭辯，也不需要拚輸贏，她快樂你也快樂，這就是我的交友哲學。

當然，我也不能總是當個爛好人，對誰的說法都回應「是是是」，如果你對任何事情都沒有主見，朋友自然也不會信任你。我之所以有一大群穩固的朋友圈，甚至說我有鐵粉，絕不是因為我這個人好講話，而是因為我真的願意對朋友真心付出。

如果朋友說什麼你都附和，那不是真誠，那只是社交客套。我反倒經常會推翻朋友的看法，畢竟我要引介

新觀念給她們，但大家一定都可以感受到，我是真心為她們好。

　　一個更可以看出我當責的場合，就是我從事保險業務的時候，會碰到理賠問題。以前從事保險業務讓人最詬病的地方，就是簽保單時一副滿臉堆笑的嘴臉，可是真正碰到問題需要求助時，卻不見人影。

　　我絕不是這樣的人，我甚至會比客戶還重視他們的權益，我會用我的專業，提醒他們沒注意到的細節。我總是站在客戶端為他們爭取權益，而這不代表一定就是要跟公司對立，畢竟對公司來說，唯有真正照顧好客戶了，生意才會長久，基於信任，公司才能財源滾滾。

　　我的人脈圈就是這樣靠信譽慢慢累積建立起來的。

一次重大的打擊

提起信譽,其實承平時候看不出來,畢竟沒有碰到狀況,也看不出一個人真正的本性,而我的信譽,也建立在真正碰到狀況的時候。

那時是我的兩個孩子已經比較大了,我開始重返業務戰場,當時在一家直銷公司服務,有一個我跟我先生共同認識的朋友,也是我從前做保險時就已經結識的客戶兼老友。這一對夫妻,兩人原先從事婚紗攝影,後來轉戰到大陸拓展事業,妻子也跟著過去。

不過人生無常,這對原本恩愛的夫妻不知怎地,過一段時間再聽聞他們的消息,卻是在打離婚官司,而且還登上媒體版面。當時報紙上雖然沒有列出本名,但是我猜到應該就是他們了。

基於關心，我主動聯繫朋友，也向她求證報紙上報導的那個打官司的婦人是不是她？結果真的是她，她在電話那頭向我抱怨，前夫沒給過她一毛錢，她這邊也很辛苦，不過她也發誓，過往失去的一切，要用十年的時間把它賺回來。

身為熱情的朋友，我當然表示我會支持她，然後這位朋友就跟我說，她看好一個事業，要做車子平行輸入。實際上，當時她也做出了一點成績，成立了一館、二館，只是現在車種還沒很多，規模不夠大，這部分她已經在進行中，準備大約三個月進口新車。這三個月她需要一些資金，看我要不要幫她找人投資，也順便讓這些人賺利息。

我自己雖然沒有投資，但是有邀約朋友加入。因為我相信她，也基於友情相挺，我就幫她做推薦。基本上就是告訴親朋好友有這個商機，大家可以參與投資，賺取比銀行及股票更高的投資報酬。

在我的號召下，幫她募得了超過兩千萬臺幣的資金。初始兩、三個月，她也有支付投資人利息，我也一

直保持觀察，她真的用這些錢去做新店面的拓展。然而後來卻傳來晴天霹靂的消息，我那位朋友驚傳週轉不靈，據說是因為擴展太快、資金不足所導致，整個事業後來崩盤。連我這麼樂觀開朗的人，聽到這個消息那天，整個人都愣住了，覺得不敢置信，難以接受這樣的事情。

這是考驗我的時候，若單以法律觀點來看，我其實不需要負擔任何債務，因為我並不是這家公司的股東，我也沒跟投資人簽任何的保證條款，我就只是基於熱心，把好的投資機會分享出去。投資本來就是有賺有賠，這些人就只是剛好碰到投資失敗而已，那兩千多萬元並不是我該負擔賠償的。

然而我是一個當責的人，我知道這些人都是因為相信我，才把錢投資給我的朋友，雖然我不是債務人，但是我必須保障這些債權人，因此我選擇的做法是，把所有的債務一肩扛起，我向這些朋友承諾，我會分期把錢還給他們，後來也真的做到了。

兩千多萬元並不是一筆小數目，許多人一輩子也賺

不到那麼多錢，但是我必須扛起這一切。那時候我跟先生度過了一段很艱辛的歲月，不但把多年的積蓄全部投入，並且還得把房子抵押，甚至保險也要解約。

還好當時我已經在傳直銷產業做出相當的成績，月收入也還算不錯，只是每個月還是得被這樣的還債負擔，壓得喘不過氣來。無論如何，最終我清償完了那兩千多萬的債務，也讓大家對我更加信任。

彭秋美就是信譽保證，這是我在朋友間公認的形象。畢竟錢財流通是一時的，信譽則是一輩子的，我用一生的信譽，建立起我穩固的人脈圈。

第四篇

安永全球篇

第十章
重新加入業務銷售戰場

　　我建議年輕人，有機會真的要嘗試去挑戰業務戰場，越年輕接受考驗，越能融入其中。當一個人把業務變成生活的一部分，可以自然而然跟朋友分享好產品，那麼我可以保證，你一定能擁有比一般上班族多很多的收入，也可以有辦法去享受更豐富的人生。

　　畢竟以現實層面來說，做什麼事都需要錢，各種夢想也都有賴金錢來實現。因此，趁年輕培養可以讓自己月收入更高的能力，我覺得是很重要的，如果可以，趁早進入業務實務吧！

　　然而業務也是有境界之分的，有沒有選對平臺，業務報酬真的差很多。我從前是做保險銷售起家的，那是一個基礎的業務銷售領域，保險可以帶來豐富的收入，但是如今保險市場比較飽和，加上從業人員眾多，真的

要賺很多錢的人，必須做到很頂尖的程度才可以。

傳直銷也是一個可以快速致富的領域，只不過從前因為沒有相關法律的明確規範，使得這個行業曾被貼上老鼠會的標籤，風評不佳。

而現在有幾家在市場上有一定名聲的傳直銷，都經歷過種種的考驗，而且以實務來說，它們也提供了能提升生活品質的產品，只要靠著誠心推薦，就可以分享給眾多朋友，也能幫自己帶來高收入。無論如何，秋美姐真心建議想改變人生的人，可以訓練自己做業務類型的工作。

我在投入自家清潔用品公司服務多年後，在公司經營比較穩健、孩子也長大了之後，考量到公司事業還是有一定的瓶頸，每個月的報酬有限，因此我後來又去擔任第一線服務的業務銷售者，當時投入的是傳直銷公司。

破除從事業務的迷思

///////////////////////////////

　　關於做業務有很多的迷思，接下來，秋美姐在這裡來一一分享我的觀點。

迷思一：大家都很排斥業務員

　　這其實就是大部分人不敢邁出第一步的原因──怕被別人討厭。但是說實在的，你又不認識對方，對方討不討厭你，對你有影響嗎？你以為今天你向對方介紹一項產品會激怒對方，然後對方就記恨你一輩子嗎？不會的，人家根本一轉身就忘記你的長相了，所以不要預設立場，怕自己推廣業務會被拒絕。

　　我要強調的迷思是，很多人還沒開始邁出第一步就已經預設立場，認為對方很凶、會不高興、會對我反

感……，總之把對方想得很可怕。

有這種心態的人，沒什麼好害羞的，我當年一開始去拜訪客戶也是這樣，我以為對方會扳著一張臉，拒人於千里之外的樣子，但是隨著我打開心房一個個去接觸，就會發現客戶並沒有你想像中的那麼可怕，根本一點都不可怕，他們其實也會感恩你跟他分享新事物，很多人甚至因此跟我變成了終生的好朋友。

但是請問你，面對陌生人你會笑嘻嘻的嗎？這是基本的道理，如果你還沒打開話匣子，很多人看起來都是不好親近的，一旦敲開心門，彼此的互動就會變得不一樣。這是業務朋友要破除的第一個迷思。

迷思二：業務都必須會喝酒，而且女性較不適合

這也是常見的迷思之一，有些女性視業務工作為畏途，甚至害怕有危險性，我必須說，任何行業都有其危險性，如果女性朋友從事業務屬性的工作，有些人會擔心是正常的，畢竟業務員經常要面對陌生人。不過換個

角度來説，任何行業都需要注意職場安全，但不能因為擔心而限制自己只待在辦公室做內勤。

事實上，多的是業績頂尖的女性業務員，我們可以看傳直銷還有保險銷售領域，那些業績非凡、創造高收入者，女性的比例往往比男性還高。難道她們做業務時都沒有遇到危險嗎？我們做業務的，不論男女都一樣，除非和客戶很熟識，否則通常不會單獨去到人家的家裡，也不會跟一群人去比較私密的場合。我們可以選擇在公共空間談事情，或者在彼此的辦公室現場也都有其他員工。

另外，業務也可以找同事搭檔一起同行，方式有很多，不需要擔心把自己置入險境。

至於喝酒，的確有些社交場合會碰到這個問題，但我相信，只要依個人酒量適可而止，或者有的人真的不喝酒，那就明白拒絕，客戶不會因此就把你變成拒絕往來戶。倘若真的有這樣的客戶，那也不是什麼好客戶，畢竟我們是分享好的產品，而不是去求對方跟我下訂單。

說起喝酒，在我初出社會的那個年代，喝酒文化的確比較盛行，當時也有很多應酬拚場。

記得那時我的業務轄區主要是金融圈，要去拜訪銀行及信用合作社等單位，我就遇過不只一次，有銀行高階主管跟我說：「要談事情？可以，我們先來喝個紅酒吧！」

我當時心想：「喝紅酒？現在是白天就這麼直接喝開喔！都不用工作了嗎？」

不過當時我還是坐了下來，回主管說：「好啊！長官邀請我奉陪。」

對方說先喝完三杯再談，結果我連喝三杯仍面不改色，只見對方面露訝異之色。其實他們不知道，秋美姐我年輕的時候就已經在臺中見識過社交場面了，我乾爹以前也有訓練我喝酒，這點小意思根本難不倒我。

喝完酒後，我就禮貌地問：「現在三杯喝完了，讓我們進入正題吧！」

這是我的親身經驗，但我還是要說，不論男女，當

我們去介紹好的產品給人家時，喝酒不是我們的義務，
更不是成交的必要條件。

迷思三：做業務的人都……

以上的點點點，可以代入很多詞，其中很多都是負
面的形容詞。像是做業務的人都很油腔滑調、做業務的
人都會誇大事實、做業務的人都生活糜爛、做業務的人
都作息不正常……

其實業務工作者，就是一個跟你我一般，為了明天
會更好而不斷努力的人。

如同人有各式各樣，業務工作者也有各式各樣，
有的人的確比較油腔滑調，但各行各業也都有人油腔滑
調；的確有業務員生活作息不正常把身體搞壞，但那依
然是個人的自我選擇，而並非通則。

真正的業務工作者，是可以用更少的時間賺取更高
收入的人，也是比一般職場工作者更有機會認識許多新

朋友的人，因此業務工作者基本上會是個見聞廣博、思想總是走在前面的人。

業務工作者也可以帶給家人更好的生活品質，包括更多的陪伴時間（因為業務工作比較彈性），包括一起圓夢（因為業務帶來的收入，更可以讓許多生活中的願望實現），所以不要再制式化的以為業務員就怎樣怎樣，你可以自己投入，用你的成功來定義怎樣是個好業務。

找到一個好的平臺，可以收入大爆發

///

　　我真正從自家的公司再次步入外頭世界的職場是在 2017 年，那時是在一家傳直銷公司工作，這裡就姑且稱之為M公司。重回職場的我，很快地就在業務領域站穩腳跟，我的業績很亮眼，不過最終因為制度上的設計，組織發展有個瓶頸。

　　具體來說，我本身可以有尚稱不錯的月收入，但是我的團隊可就難以跟上了。

　　如果一個事業來看，只有我在賺錢，我引薦進來的人卻賺不了什麼錢，那我做起來心中就不快樂。雖然在實務上，我幫助大部分的人提升收入了，至少不會輸給一般上班族。可是這離我心目中理想的目標還滿遙遠的，所以後來有新契機到更好的組織，我就轉換戰場，不過我在這家M公司也服務了六年之久。

一般上班族常常煩惱收入很少，每個月扣除各種開銷後所剩無幾。但是身為企業家也有企業經營的難處，有時候表面上看似營業額不錯，其實扣除各項成本後，有時小企業的老闆並沒有比上班族的收入高多少。

2020 年帶給全球重大影響的新冠肺炎疫情，讓許多行業哀鴻遍野，以受傷程度來看，企業主才是重傷者，相對來説，上班族只要還保有工作，基本上收入的變化較小。

疫情來襲時，我們家經營的飯店旅館備品公司，收入真的受到了不小的打擊，我們的主要客戶如飯店、旅館或各大營業場所，都因疫情而歇業或營運萎縮，不過我們都是佛心經營，即便業績大受影響，我們依然照樣支付員工薪水，也都沒有裁員。

不誇張地説，最低迷時公司一個月的淨利只有十幾萬元，實在很難養活一家子人，此時我在M公司的收入變成了主力，但是也遇到一些難以突破的瓶頸。

就在 2022 年底，我有幸認識安永全球，也開啟了我人生全新的一頁。

讀者們可以想像，我們的收入是每天晚上 12 點過後就可以看到自己後臺的獎金，週週可以轉點數，一個月可以跟公司提領二次現金到自己的戶頭。

我如今一週的收入，就可以抵過疫情期間我家飯店旅館備品公司四、五個月的收入，一個月加總的收入，更是等同一般上班族好幾年的薪水。也就是週入將近 100 萬元，平均月收入超過 200 萬元，並且這個數字還會快速持續增長。

能夠創造高收入，最主要當然還是我自己夠努力，畢竟同樣的平臺、同樣的產品，不是人人來做都可以賺那麼多錢。但是我不得不說，我是因為找到一個很好的平臺，也就是安永全球，才能締造出讓自己生活翻轉的收入。

每當我在介紹我的事業及組織時，很多人都有個錯覺，以為我已經投入安永全球很久了，才能累積出這麼好的成績，實際上，我是 2022 年底才正式加入。那時正好是準備過年的時候，真正正式經營是在 2023 年 1 月 3 日，所以我達到月入數百萬的階段，時間還未滿一

年，到撰寫本書時，也才加入一年半左右的時間而已。

　　以我的實力，到任何企業平臺都可以賺到錢，但是要找對最佳平臺，才能發揮強大的能力綜效。

　　接下來，大家就一起來認識安永全球這家公司。

第十一章
認識一個全新商業模式

提起我要介紹的安永全球事業這家公司，可能很多人都沒有聽過，因為這家公司的確很新，我本身在 2022 年底加入，就已經算是公司的資深元老了，所以這家公司到本書出版時，成立也還不滿兩年，知名度沒有那麼高也是很正常的。

然而以新公司之姿，這家公司卻已經在業界開創出令眾人驚訝的成績，並且創造出許多獨特的亮點。

首先，以過往的定義來看，安永全球可能會被歸類為傳直銷公司，我們的確是一家傳直銷模式營運的企業，但卻不是傳統認知的那種傳直銷，我們所創立的全新模式，是結合傳直銷制度以及電商平臺，融合傳直銷、微商及電子商務的優點，最吸引人的地方，就是有別於過往所有的傳直銷公司。

傳統的傳直銷公司，賺錢主力還是滿足老闆及高層的荷包，制度上雖然標榜代代有抽成，然而在實際上，財務卻集中在少數幾個上線，上面的上線吃飽喝足，底下廣大一群下線卻連湯渣都喝不到，導致很多組織最後崩盤，創辦人往往就宣布破產，另起爐灶，大量下線們孤苦無依，只能黯然退場。

而安永全球從制度上來看，做到了把絕大部分的分潤都讓利給會員，再也沒有一家公司像這樣，連消費者都可以參與分潤。

也就是說，許多人可能只對產品有興趣，但是並沒有想把這裡當成事業經營，那也沒關係，在安永全球的制度裡，只要有消費就可以每天擁有分紅。這也大大降低了進入的門檻，讓很多人都願意加入。

再者，安永全球的創辦人是孫溪賓董事長，而初識柯以哲總經理時，他當時竟然還是一位老師。柯總經理擁有豐厚的教學背景，他更是把「道德教化」帶入公司文化，立志要成為直銷制度的改革者。

安永全球是全臺唯一一家把《了凡四訓》列為公司

員工必學經典的傳直銷企業，無怪乎來到這裡，人人彬彬有禮，公司文化充滿祥和，經常跟著董事長、柯總經理及所有領導、所有會員，月月做公益慈善。

這是一家善與美的公司，也是一家很賺錢的公司。

一家結合健康與慈善的事業

//

安永全球的總經理是柯以哲，他本身是教育界出身的，為公司創立了不同的商業模式，讓公司文化有著非常濃厚的慈善氣息。事實上，當我們看到公司列出的四大志業，很容易讓人聯想到全球最重要慈善團體之一──慈濟基金會。

我們的四大志業是慈善、健康、教育、人文，而慈濟的四大志業則是慈善、醫療、教育、人文。慈濟的善行，透過在臺灣興建許多醫療機構助人，安永全球則是透過先進科技的健康產品，最終也是要幫助許多人。

很多企業做公益，要等企業賺大錢之後再說，既然企業的成長需要一段時間，公益往往是等企業非常茁壯時才會開始進行。但是安永全球在正式營運的第一年，也就是 2023 年，就已經設定為企業的公益元年。

一般企業會列出年度目標，主要是全年的業績目標，希望創造多少營業額以及市占率……等等，這些目標安永全球當然也有，但是安永全球更是設定了公益慈善目標。

以公司創立的第一年來說，總經理就已經積極帶領團隊上山下海去做公益，當年的營業額是六億元，也實際去幫助全臺北、中、南許多的公益機構。到了 2024 年，則是將營業目標額設定為二十億元，並且在一年內完成五十家慈善團體的捐贈。

而以目前的成長速度來看，預估 2025 年可以達到營業額超過百億元，慈善團體的捐贈家數則來到一百五十家。

這些都是透過公開宣示而成為眾人共同擁抱的事業願景，也確實築夢踏實，以我本身來說，我每個月都會帶領我的團隊，跟著總經理去各地偏鄉幫助弱勢。

特別的是，許多事業的慈善公益都是以「名」為主，可能捐個十萬、百萬元，就想要跟院長拍照留影，並找媒體曝光。若是以這樣的標準來看，安永全球這類

的新聞將會發布不完，因為公益已經成了我們的常態，對我們來說這根本不算新聞，而是安永全球的日常。

安永全球的公益慈善是有智慧、有規畫的捐贈，希望可以真正幫助到最有需要的人，所以我們有專門的團隊，會事先針對全國各慈善團體做研究，去了解對方真正的需求是什麼，只有對症下藥，才能提供最符合對方需求的補助或捐贈。

至於對於參與者的要求，安永全球也不會強迫每個會員都要捐錢，而是讓大家發自內心自願，視個人的經濟情況自己做選擇，就算只是幾百元的零錢，最重要的是心存善念。

首先，當然還是每個產品經營者（我們稱為經銷商）自身可以賺到錢，他們自然就會很樂意的主動去幫助弱勢。

在安永全球的辦公室裡，到處都可以看到的，就是《了凡四訓》系列的各種標語旗幟。這也是告訴所有的經銷商，打拚任何事業，不忘先透過學習《了凡四訓》：立命之學、改過之法、積善之方、謙德之效，建

立好自己的道德標準。安永全球有個願景，那就是要教育民眾立身處世之道，重新找回中華美德，以淨化社會風氣。

聽起來是不是一個很不一樣的企業呢？

我對安永全球的參與

///////////////////////////

　　我很榮幸，算是在公司草創時期就加入，並且參與了公司很多新制度的建立。包括如今的星級制度，還有各種培訓教育的做法，在我初加入團隊時都還沒有，在 2023 年初，我們傳遞訊息的主力都還是談公司的制度，而光是這樣，我就已經為公司帶來了許多經銷商，是最有企圖心也最有行動力的第一代推薦王。

　　我也在短短的一年內，成為公司成長最快的經銷商之一，截至 2024 年 1 月，我已經升上公司九星聘階的第七星，在本書出版這一年，也已經達到了準八星。

　　記得我初期在公司是擔任引言人，柯以哲老師講制度，就覺得這樣不好，公司那時雖然只有四種主力產品，但是我們談一個事業不該只重視怎樣賺錢，卻忘了銷售的主力還是產品，也是因為產品夠好，我們才能對

整個社會負責。

我那時就向柯總經理提出建議，於是後來也逐漸地調整制度，如今在各大創業說明會，都是先講產品再講制度，我是常態的主持人及引言人，後來也經常擔任產品說明導師，我主力講產品，柯總主力講制度。

隨著公司產品引進得越來越多，現在的品項非常多元，其中有些重要的商品，是我協助引進的。結合我們的網路商城，讓消費者更方便使用積點，也就是公司提撥購物金到商城，可以用來消費商品。

在 2017 年到 2022 年間，當我還在 M 公司服務時，那裡的制度雖然不盡完善，但必須說，他們有幾款產品真的很好用，對我自己及家人的身體都有所幫助。

事實上，當年我之所以會加入 M 公司，也是因為先使用了他們的產品，然後看到產品給家人的健康帶來明顯的改善，我才願意經營的。對我來說，做任何事業都要對得起良心，唯有站在好的產品基礎上，我才能心安理得，並且抱著與人分享的善心，將好產品推廣給更多人，這也是我的業績可以成長的核心動力。

　　如今我在安永全球也是如此，我絕對是先自己認同產品，才會為這個事業打拚。當時公司只有四款主力產品，但是真的都非常優質，我自己有先試用，非常滿意才會安心加入安永全球的。

　　不過正如前述，初始我們的產品線太少了，這時我就想到，我以前在M公司有某些很優質的產品，其中一款就是小分子肽。

　　由於我在M公司經營很多年了，我也可以算是那裡的元老，知道許多產品的生產來源。我知道小分子肽是由一位李榮和教授所研發，而其中一個重要的生產經銷廠商是陳先生，後來M公司發展不善，陳先生也自己出來創業，所以我們後來都稱呼他為陳董。

　　2023 年我告訴柯總，我覺得小分子肽這系列產品很棒，一定要導入我們安永全球，於是我帶著柯總去拜會陳董。陳董對我們的到訪，一開始的反應是很沒興趣，他直白的說還不都是傳直銷，他看得太多了，覺得反正每家公司都是這樣。到後來甚至態度顯得有點不耐煩，表示他晚一點還要開會，沒什麼時間跟我們聊。

我就問陳董幾點有事要離開？他說一點半，當時我看錶已經一點了，我就說：「只要給我們十分鐘，我們介紹制度給你聽，真的很簡單。」

然後柯總就向他做說明介紹，陳董後來問我，不是要講制度嗎？什麼時候講？我就跟他說，剛剛講的就是制度，已經講完了。當下陳董有點訝異，制度怎麼會那麼簡單啊？由於他頻頻看時間，於是當天我們就這樣結束，讓大家先見面認識一下。

等到第二次找陳董時，我帶了我的直屬上線廖老師過去，這回廖老師更清楚的介紹我們的產品以及套餐，有了上回的基礎，這回很快就談定，不久後就簽約了。

就這樣，安永全球後來也有了很受歡迎的小分子肽系列產品。

第十二章
我怎樣成就千萬年收

　　一個人要怎麼樣才能成功呢？我相信各位讀者都看過許多的書或聽過無數演講，可以聽到各式各樣的成功版本，但是適合某人的成功法則，也許並不適合你，畢竟郭台銘先生可以把他的創業歷程寫成故事，然而你若是照著他所做過的每個步驟去做，也不一定可以創造出另一個鴻海集團。

　　但是我在本書要分享的，絕不是只能讓人看了眼紅，卻對自己一點幫助都沒有的個人成功法。我彭秋美今天作為一個品牌，一個不僅僅在安永全球是受人敬重的大姐，一直以來，也在親友鄰里及所有結交的朋友圈中，有著高度的評價。

　　我不打誑語，不說空話，所以我要分享的成功方法，絕對是每個人都適用，證據就是我在安永全球帶出

來的團隊，不論他們原本來自哪一行哪一業，或者本身個性是外向或是安靜，都能確實在我的幫助下得到成長，得到離他們夢想越來越近的成功喜悅。

那麼什麼是必要的成功因素呢？不談什麼複雜的人性或管理理論，我只簡單的講兩個關鍵：

第一，對的自己。

第二，對的平臺。

過往以來，我彭秋美就是一個積極認真不服輸的女子，十年這樣，二十年這樣，現在也依然是這樣。我選擇做「對」的我，但為何成就卻總是有限呢？也許靠著努力，我有著比一般上班族多很多的收入，但卻只是過著尚可的生活，很難有大的突破。

我依然持續精進，但是對我的人生改變相當有限，為什麼？當你沒有找到「對」的平臺，就算你每天從早忙到晚，用盡了管理學上的種種方法，也是成效不大。

例如我最早投入的傳直銷體系M公司，讓我每個月的收入來到六位數，可是成長到一個地步後，就無法再

往上了。一直到我遇到對的平臺，才真正讓我的收入有著突飛猛進蛻變，當我遇到了安永全球，人生才真正的大翻轉。

人人都可以加入的安永全球好制度

有人說，我就是口才不好，我就是沒什麼人脈，你說什麼制度多好多好，反正我就是不會做這行啦！

關於種種這類的抱怨或回饋，我都予以尊重，我也要說，你會這樣想很正常，我知道有太多人投入傳直銷，後來賠了夫人又折兵，怨念很深。但是我只想提醒你一件事：你不會當業務、不會做組織都沒關係，但是有一件事你一定可以做的，那就是當個消費者。

當個消費者不難吧！並且不是要你囤貨，不要你買那些原本就沒有需求的東西。就照你正常的日用花費，當個消費者，只要這樣就可以開始經營事業了，你說簡不簡單？加入安永全球事業，真的就是這樣簡單。

我經常面對新人，不像其他傳直銷公司或很多行

業，身為前輩的你必須絞盡腦汁想著要怎麼說服對方，好比在傳統傳直銷的上線，我要對受邀的來賓動之以情、說之以理，要想辦法讓對方簽單訂貨等等，在安永全球完全不需要這麼麻煩。

每當我碰到新朋友，不管對方對傳直銷排斥，或者對賺錢有熱情，基本的第一步都一樣，那就是放任不給壓力。就跟對方說：「你什麼都不必做，假定今天你買產品回家，不但這項產品不用錢，並且還可以領分紅，你願不願意？」

有誰不願意呢？舉例來說，每個人都會肚子餓，假設今天你走進一家餐廳，點了一碗麵，老闆告訴你：「在我們這邊吃麵，只要多一個步驟加入會員，你最終可以領到等同這碗麵報酬兩倍的錢。」你要不要加入？你本來就要進來吃麵的，現在只要加入會員，不但吃麵的錢可以回收，還可以再多賺一碗麵的錢，這麼好的事為什麼不要呢？

由於近年來臺灣的詐騙集團日益猖獗，此時比較有警覺心的人免不了就要問：「這是一種話術，甚至是一

種騙術嗎？為何吃麵不用錢還可以倒貼？天下沒有白吃的午餐，這裡頭一定有鬼。」

但我保證，這一切都不是騙術，我所講的都是真實的。沒錯！天下沒有白吃的午餐，我也沒有讓你白吃。而是改變你的身分，讓你當短期的消費股東。這樣你明白嗎？

讓我來繼續舉例說明。今天老闆開了一家麵店，他要不要賺錢？當然要賺錢。他從哪裡賺？就是所謂的收入減去成本，一碗麵賣出去的錢，減掉做出這碗麵的各項成本。

假定一碗牛肉麵的售價是 150 元，其中包含麵條、湯底以及員工薪水、店面租金、水電瓦斯費……等攤提的各種成本共 80 元，老闆賣一碗麵就賺 70 元。

過往的傳直銷經常分享一個概念，公司為何可以維持組織制度？就是靠著省掉中間經銷商的層層剝削，將利潤分給廣大的會員，也就是組織行銷中的每個業務。以一般銷售來說，原本一項商品終端售價為 150 元，扣掉大盤商、經銷商、零售商等各項經銷成本後，假定

可以賺 70 元。現在將商品直接賣給消費者，假定可以賺 100 元，此時老闆同樣自己拿走 70 元，多賺的 30 元就分給大家賺，這就是一般的傳直銷概念。

然而最終往往是老闆賺得飽飽的，然後廣大的會員去爭搶那 30 元，搶到後來，只有不到十分之一的上線賺到錢，其他 90％的人都沒賺到錢，這也是傳直銷讓人詬病的地方。

但是安永全球的做法不一樣，安永全球顛覆了過往的傳直銷制度。過往的傳直銷模式，永遠是有錢時管理經營者拿最多，當公司營運不下去時，他們可以收掉公司，以後再擇日另起爐灶，此時廣大的會員就變成了受害者。

其分配比例大約是 70/30，其中 70％給公司，名目上公司說是必要的成本，30％則給所有的會員。然而安永全球卻是 30/70，意思就是公司只拿 30％就好，其他的 70％都要回饋給所有會員。

不僅僅如此，安永全球改變了會員的定義。以前的傳直銷公司，會員是指在公司制度下經營產品買賣

的人，但是會員是會員，管理端是管理端，二者是不同的。

而在安永全球，每個加入的朋友既是消費者，也是公司的「短期消費股東」。說是消費股東，那是因為不是公司法概念的股東，畢竟不能真正去登記股份。

那概念是什麼呢？短期消費股東的意思就是，這家公司「所有」的收入都跟你有關。在以前的傳直銷公司制度上的概念，都是今天你的下線有多少業績，假定介紹一個下線帶來業績 1 萬元，你就從這 1 萬元中抽取30%，也就是 3000 元的概念。

然而在安永全球會員，你將會有三筆收入。前述跟上下線相關的業績額度計算，這部分一樣具備，畢竟這樣才公平，有努力開發新業績的人可以抽佣，這是天下商業共通的道理。

另外，在安永全球人人都可以領分紅，我再強調一次，人人都可以領。為什麼？因為你是消費股東啊！假定公司今天賺了 200 萬元，計算後有 100 萬元提撥出來當分紅，你雖然只是消費者，你也可以拿到分紅。假

設公司有 1 萬名會員，你就可以分到 100 元，只要公司天天有業績，你就可以天天領分紅。

當然，我們還是有設定上限，否則這不符合財務平衡。假定你總共消費 1000 元，那你可以持續領分紅，領到滿 1.5 倍，也就是最高可以領到 1,500 元，這時才封頂。

最後，就是依照一般直銷制度會有的經營組織利潤，這一塊牽涉到較為複雜的說明，在本書就不多說，歡迎有興趣的讀者來安永全球了解。

即然安永全球有那麼多的好產品，而且都是日常生活需要的，因此一個人可能持續消費，那麼他就可以站在他消費的額度上持續領分紅。這樣子你甚至不需要經營，光是當個消費者就可以有持續性的收入，這樣你還會有壓力嗎？所以在安永全球非常的輕鬆。

可以回本也可以圓夢的好平臺

//

　　我知道很多人一聽到傳直銷，內心就會先拉起一道鐵門，一心只想要逃離現場。但是來到安永全球，完全不需要有這樣的顧慮，正如我前面所說的，你只要當個消費者就好，不會強迫你去拉人當下線，也不會要求你去介紹制度說服親友掏錢囤貨，那還有什麼壓力呢？

　　但光是這樣就可以賺錢了嗎？當然不是。正如大家都知道的，天下沒有白吃的午餐。如果靠著一個好制度，認真的人跟偷懶的人都可以賺到一樣的錢，那樣也是不公平的。所以安永全球的制度，對於一開始只想使用產品，或者過往有「傳直銷創傷後遺症」的人，沒關係，至少可以做到保本而且回本，你一邊使用產品，一邊還是可以賺錢，這樣沒什麼好拒絕的。

　　對於有心想經營的人來說，在這裡可以得到豐富的

利潤。第一，因為安永全球的產品和制度，大家都可以接受，所以非常好拓展，對於有心經營的人，花同樣的力氣，卻可以賺到比過往傳直銷產業要多很多的收入。

第二，如同前面介紹過的，安永全球是 30/70 概念，老闆只拿 30%（這 30%又分成 10%產品成本、10%員工管銷費用，只有 10%才是老闆的淨利），主要的 70%都分給會員，因此這裡的制度可以領到更豐富的報酬。

最佳實證就是我自己。秋美依然是原來那個秋美，在M公司時，月收入可能一、二十萬元，但是來到了安永全球後，光是週收入經常就超過 80 萬元了，月收入更是往往超過 250 萬元，而且這個數字未來可以持續增加，甚至要月入千萬都沒問題。秋美的能力沒有變，但是因為找到了對的平臺，收入暴增不只十倍。

當然，對於有心想改變人生的人，好比不再甘於每個月當個月光族的上班族，或者不想永遠只能勾勒夢想，卻總是無法觸及夢想的人，他只要肯努力，一定可以開創屬於自己的天空，那個收入是無上限的。

聽到這裡，相信很多讀者都覺得很熟悉，那是因為每家傳直銷公司，甚至所有業務屬性的公司都會這樣號稱——收入是無上限的。

實際上，的確有人得到高收入，不論是各家保險公司的銷售天王、天后，或者哪家傳直銷的頂級鑽石或翡翠藍寶高階，他們的收入確實都非常高，個個開名車、住豪宅。然而一個誠實的定理，必須適用所有人，不該是對極少數人來說收入無上限，但廣大的下線們卻連維持生計都有困難，那這就不是真正的定理。

在安永全球則是真正的收入無上限，並且人人都沒有罪惡感。不像從前可能眾星拱月，一個亮眼富裕的上線，卻被說是踩著無數白老鼠屍體爬上去的，這樣賺錢也不光彩。

但是在安永全球，如前所述，大家都是消費股東，所以沒有人不賺錢，最起碼，剛入門的消費者們也都做到使用好產品，既回本又有得賺，其他各個星級的人，越上面賺越多錢，但不是來自剝削下線，而是身為成功經營管理者，本來就可以從這套制度拿到更多分潤。付

出者收穫，人間的道理本是如此。

所以在安永全球經營事業，不會有心理壓力，在這裡人各有志，有的人只想使用好產品，先心存觀望也沒關係，反正也沒有囤貨的壓力。有的人時間忙碌，只想兼差做看看也沒問題，你花一些時間在這裡，每個月也一定會帶給你更多的收入，彌補你原本薪水的不足。

當然，如果你很有抱負，或者有個願望想要實現，很需要錢，那你就投入更多的心力、心血來打拚吧！安永全球不會虧待你的。就好比我的例子，月入數百萬是真的可以做到，並且是「月月」如此，數字只會增長不會掉落，就算你因為出國旅行，或者家中有事要休息一段時間，也不會有什麼收入暴跌的情況發生。

因為制度保障，包括第一筆的消費股東分潤，還有第二筆的制度領導位階分成，還有第三筆的真對等獎金，都永遠在，甚至可以世襲，當你退休還可以讓子女承接。

這樣的安永全球是不是讓你心動？對有心想要發展事業賺大錢的朋友，這絕對是個最「對」的平臺。

第五篇

追求富裕篇

第十三章
人人適用的銷售成功學

　　相信許多讀者還是要問，假如我想當個真正經營事業的人，而不是只想當個消費者領分紅就好，那該怎麼做呢？當然，在本書中我們要引薦「安永全球」這個好的平臺，但同時也希望本書的讀者朋友，不管在哪個領域，都能應用到秋美姐的人生智慧。

　　例如有人也許在某個傳直銷產業有一定的基礎了，想要更上一層樓，雖然我曾在前面說過，安永全球的制度很好，相對來說，其他的傳統傳直銷體系可能制度上沒那麼好，但是在這個世界上，只要是合法成立的公司，相信只要肯打拚，都可以做出一番成績。你也可以經營安麗，經營艾多美，或者擔任某家金控集團的理財顧問，某大房仲體系的仲介業務，只要合法又合於志趣的都可以。

　　因此，在這裡我要再次強調，各行各業都很重要，你可能是牛肉麵店老闆，或者捷運工程師，甚至你是軍公教，都有機會成就你美好的人生。但是我也必須說，純以致富領域來看，一個基本原則就是你必須投入業務性質工作，而非領固定薪水的工作，這樣我在本書裡的分享才比較跟您有關。

　　以下，就和大家分享我的一些經營管理哲學。

成功業務三步驟

////////////////////////

關於如何做好業務，坊間有很多相關的書籍，也有很多產業，例如保險業，每天早上都會開勵志晨會，甚至有戰鬥晨訓之類的，要每個業務員都成為戰將，抖擻精神去衝鋒陷陣。

在這裡，我要分享的業務成功祕訣沒那麼複雜，就三個步驟，建立起一個成功的循環。

1. 真正熱愛一個產品。

2. 分享好的產品給他人。

3. 持續學習增進自己的能力。

基本上，這樣就會形成一個正向循環，亦即一個好的自己，也就是熱愛產品、對自己工作有熱忱的自己，把產品分享給顧客，得到了回饋，包括願意購買、拒絕購買或提出質疑等狀況，不論正向或負向都是回饋，所有回饋都能用來增強自己。

因為透過回饋，透過自己願意不斷學習，就會讓自己變得更強大。如下圖：

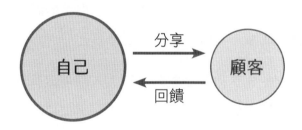

當自己變得更強大的時候，就可以成交更多的客戶，得到更多的回饋，包括業務銷售智慧，更包括實際的收入。

許多企業的主管，喜歡透過訓話來嚴格訂定業績目標，逼使員工衝出業績，但如果沒有遵照上面的三步驟，那一定是沒有用的。

首先，如果業務對自己的產品完全不了解，甚至根本就不喜歡自家的產品，那要怎樣銷售呢？一定被迫只能使用各種技巧，諸如成交話術、肢體心理學……等等的，這些對我來說都非正道，若不以誠銷售，終究是一場空。

　　再者，當一個人有了熱忱，他其實不是去「銷售」，而是去「分享」。像我的團隊中有很多夥伴，本身並不是口才流利、擅長銷售的人，但是他們後來也都能做出好成績，其實他們就只是分享。

　　一開始先是被產品感動，每個人都可以有一籮筐的故事，關於產品怎樣幫助他，例如安永全球的產品幫助自己母親恢復健康等等，秉持著這樣的感動，當去與人分享時，就非常有說服力。

　　他不是去推銷產品給對方，而是真心告訴對方這項產品很棒，真的帶給家人很大的幫助，當他真情流露時，客戶是信服的，他也就能成交。

　　最終是客戶的回饋，就算十個客戶裡面有九個拒絕好了，那九個一定會帶來回饋，包含為何反對、我該如

何改善説話的方式，甚至在一次又一次被拒絕中變得習以為常，以後也就不害怕被拒絕了，這也是一種回饋。

當一個人抱著分享好產品的心態，那就不是推銷，所以也比較不必擔心會被拒絕。而除了透過回饋，讓自己變得越來越強以外，最主要強大自己的方式就是學習。以我本身來説，我非常熱愛學習，安永全球本身就有開設很多課程，我後來自己也成為課程講師。

此外，我也會主動去外面找好的講師，上各種精進自己的課，舉凡業務銷售、心靈成長，甚至各種技藝（可以增加和客戶之間的聊天話題），都有助於壯大自己。我相信只要透過這三個基本步驟，人人都可以做好業務。

在這裡，我又要回歸以安永全球做例子。安永全球真的是最值得推薦的平臺，以業務成功三步驟來説，大家一開始加入，就已經進入了第一步驟。

我們會告訴新人，你什麼都不用做，先使用產品吧！這就是讓他先學習成為愛用者，等他真正覺得這項產品很好，他自然就會去分享。當然，如果有人就是不

愛使用我們家的產品，那我們也不勉強。

　　不過實務上沒有這種事，那是因為安永全球的產品很多，包括帶來健康的，也包括為生活日用帶來方便的，是人人都有需要的，而且選項繁多，每個人都可以找到自己喜歡的品項。

　　而且在安永全球，真的一開始什麼都不用做，光是當個消費者，就可以讓自己進入成功業務的第一階段。

學習，是成功的保障

基於前面的基礎，讀者一定會注意到，所有的成功，第一件事就是加強自己。包括前一章我談到的成功兩個要件，其中第一個是「對」的自己，另外，前一節介紹的成功三步驟，那個能讓三步驟形成正向循環的關鍵，就是持續學習，以增進自己的能力。

學習很重要，但是「學習」這兩個字也很空泛，因為生活周遭大家都愛談這兩個字，談著談著好像這件事就變得像空氣一樣自然，實際上真正落實的人卻少之又少。學習不能空泛，重點就是要真的去做。

不是天天喊著我要終身學習，或是說我要謙卑的向你學習，實際上還是我行我素，今天的你跟昨天的你沒什麼不同，這不叫學習。我們必須認真看待學習這件事，才能增進「對」的自己，也才能形成正向循環。

舉例來說，安永全球是個對的平臺，但如果沒有「對」的自己，首先可能一開始就抱持著略帶偏見的眼光看待這事業，對其批評謾罵，這樣就算有對的平臺，也無法讓自己受益。

再者，在安永全球有培訓課程，也有許多熱情的前輩願意指導。但如果不是「對」的自己，不思改變、不思成長，那就算處在多好的環境也一樣不能帶給你太多的獲益。這樣的道理，不單是在安永全球，一個人不願做「對」的自己，那他處在各行各業就會造詣有限、成長格局有限。

至於正向循環，提升自己更是關鍵。以安永全球為例，今天你去拜訪朋友，和他分享好的產品，結果得到的是負面反應，如果你因此鬱鬱寡歡的回來，那就沒有得到任何回饋。

你應該要有的思維是，當我們推展一件事情碰到挫折，每一次挫折都一定會帶來回饋，例如應該想到，原來客戶會覺得產品沒有照顧到哪個層面，我應該回來請教前輩這件事該怎麼回應；或是原來客戶問我會不會有

副作用等等的，我回答不出來，我應該再精進自己對產品的了解；原來客戶很在意我講話沒有重點，所以我應該再加強講話……。

每一次的回饋就是一種成長，當你下次在不同的客戶那裡又碰到同樣的問題時，這回你一定回答得出來，這就是一種成長，這也才能建立一個正向循環。

關於學習，可以分成兩大類：基本學習以及自我提升學習。

基本學習是重要的，是基本的，而這也考驗著是否有「對」的平臺。以安永全球來說，我們有長期的課程，並且會有講師帶領著團隊，每週定期聚會，分享經驗以及傳授公司產品相關的新知。

而如果一家企業只給員工或經銷商團隊初期的產品教導，之後就天天鞭策大家去跑業績，後續也沒能給什麼反饋，這就不是「對」的平臺。唯有「對」的人加上「對」的平臺，才能形塑正確的學習。

基礎學習是每個人都該做的基本功，不能偷懶，至

於再精進，就有賴個人對自己的期許。以我來說，我長年學習，甚至遠在加入安永全球，以及再之前的M公司前，就已經有持續上課精進自己的習慣，我會報名各種業務行銷、心靈勵志或者不同商業專業的課程。

我自己經營的團隊，也都會號召團隊成員跟我一起去報名不同的課程，例如林裕峯老師的「提問式行銷」，或者陳威任老師的「高效能溝通與魅力表達」課程，我都勤於上課，並且為了精進自己，就算上課的地點很遠，我都願意撥出時間驅車前往。

當改變了自己、提升了自己，又能選擇對的平臺，我相信一個人的收入不可能不突飛猛進，這是我的親自經歷，也是我驗證在我團隊的每個夥伴身上，屢試不爽的學習定理。

第十四章
成功的法門：學習篇

　　我經常發現一件事，一個人真正能夠出類拔萃的因素，還是在於自覺。相信大家都聽過一句話：「不要牽牛去喝水，要讓牛自己願意去喝水。」這件事說到底，任何的體悟學習就需要靠你自己。

　　本書我分享再多的熱忱激勵，或者一個人花再多錢去上課，若是本身缺乏熱情，也沒有那種很想成長突破的心，是很難改變的。

　　我就經常在自己去上課的時候，看到同班有的人上課上到一半就打起瞌睡，有的人則是心不在焉，一邊上課一邊滑手機。很多課程內容都是連貫的，如果上到一半心就飄走了，就算下半場想要繼續聽課，學習到的也是有限。

　　但是這要怎麼辦呢？如果凡事最終還是得靠自己，

那所有的課程，老師的努力就只能盡量教，至於學生，就是「各自山頭各自努力」。

是這樣嗎？我也曾經認為自己已經很用心去帶團隊了，若是團隊成員的慧根不夠，或者理念不同，我也不能怎麼樣。但如今的我透過更多學習，有了更多新的體悟，我願意設法不只是教導帶領，並且要做到可以刺激到學者「發自內心」的想要突破。

本章的分享，也適合所有在不同傳直銷公司帶領組織的人。

精進學習的祕訣

//////////////////////////

多年來，我發現增進學習效率最快的一件事，那就是提升參與度。

如果導師在臺上講課，或者在產品說明會上，上線拚命地展現熱情，但臺下的學生或下線們只把自己定位成聽課者，甚至是旁觀者，那樣的效果絕對有限。因為你是你，我是我，當你在心中有這樣的劃分時，事情就難成。

所以我經營團隊的時候，我會採取深入的方式，包括與大家共同生活，並且讓夥伴一起參與，他們不但是學習者，同時也是教授者。因為根據學習專家的研究，不論是聽課學習或者抄筆記複習，其實人腦的記憶有限，如果再加上本身沒有太大的熱情，那麼學習效果絕對有限。

畢竟一開始對許多人來說，可能跟產品相關的健康知識，或者如何與人交流的溝通技術，這些學問都是比較生硬甚至是被排斥的。如果當老師教完後，學生或下線第二天實作卻沒有做到令人滿意的結果，此時要是加上被老師指責，就會更加容易引起負面的情緒。

但如果是參與者就不一樣了，所謂參與有兩種，第一種也是我非常推薦的，就是「自己當老師」。根據記憶學專家的研究，學習成果最佳的方式就是自己當老師，當那樣的時候，你不只是聽課，也不只是複習，而是要親自去輔導下線，這時候一個人絕對會付出十二分的用心，這樣的學習效果最佳。

第二種就是融入，例如產品有多好？制度如何幫助人？這些雖然都可以透過公司的培訓課教導，但是硬背的東西記不牢，何況我們的產品會時常更新，原本的制度也可能調整，例如某個商品的點數可能被調整，上課硬記再來分享給下線，效果不一定會好。

然而如果能一邊輔導一個下線，一邊融入他的生活，最直接的就是關心他、陪伴他，把自己當成他的朋

友。好比說他有消化方面的問題，關心他昨天吃了產品，今天消化有好一點嗎？往往這樣的過程既能拉近友誼，並且能提升學習效果。

如果人家問我，某某產品的效用如何，我就算常常講課，已經很熟悉每項產品的介紹了，但是再怎麼樣都比不上我因為實際參與我夥伴的生活，常常聽他們講服用什麼保健產品後來的感覺如何，這才是最佳的學習。

當我遇到新的夥伴時，我光是念一些營養數據或專家的實驗報導，聽起來也枯燥無味，但我如果直接講述我的某某好友或我哪一天剛訪問的下線，他們對產品的使用實況，聽起來就會更加真實，也更加有說服力。

所以當人家問我：「秋美姐，你如今都已經到達七星，準備朝八星邁進了，你的的團隊人那麼多，可以把大部分事情委託給他們自己管理就好，為何你仍然每天還是那麼忙？」

我的回答是，的確，靠著安永全球優良的制度，我的人生被改變了，我可以享受更好的生活品質，就算我現在退休，每天也依然可以有很多收入，但我為何讓自

己那麼忙？就是因為我必須陪著學員一起學習，我要帶領他們不只當學生，更要學習當老師。

而我每週的行程滿滿，為什麼？因為他們都還沒有達到像我這樣的收入。把人領進來是我的責任，讓他們有分紅也是我的責任。例如我每週不同日子會在不同城市，例如臺中、高雄、臺北，跟當地的夥伴們聚會，一方面輔導下線，二方面我就是要參與他們的生活。

我把這件事當成我的責任，所以我非常忙碌。但是我忙碌得很快樂，因為我自己不斷學習，也陪著我的團隊永續學習。

對的平臺會支持更高的學習境界

一個好的平臺，領導人及管理階層不能一心只想著怎樣賺錢，而是要有一個遠大的夢想，既能幫助世人，而且要幫助加入團隊的人富裕繁榮。從某個角度來說，平臺也是一種企業，企業的責任本來就是要帶給股東以及員工福祉。

安永全球雖然是個新形態結合傳直銷及電商的平臺，與所有會員都沒有雇傭關係，但我所認識的安永全球高層，包含董事長以及總經理，都是有著淑世的願景，真心想要幫助加入的朋友，既能享有健康，而且能改善生活品質。

因此，前面我所提到增進自己的方法，我有想到、有做到，其實背後也必須有公司的支持，所以我說安永全球是一個好的平臺。

好的支持是什麼呢？可能每家公司都會有洋洋灑灑的理念、願景、宗旨，這類訴諸文字的大藍圖，但重點是真正可以做到的有多少？好的支持不需要什麼高談闊論的言語，簡單來說，好的支持就是公司願意做到協助讓員工的生活甚至生命變得更好。

聽起來這是最基本的，但是在實務上，絕大部分的公司都做不到。為何我們經常向上班族朋友勸說，有機會要跳脫舒適圈，不是因為要跟傳統的上班體制作對，畢竟這社會要有各行各業，才能正常運作。

我們只是經常心疼，公司總是以經營者及高階管理者為優先，不論對外宣稱自己有什麼公司營運理念，什麼誠信、專業、奉獻甚至慈善，但是形諸於現實的，依然是員工只領著有限的薪水，並且常態性加班卻不能領加班費，已經是公開的祕密，老闆為了公司的業績壓榨每個勞工，也似乎是普遍的現象。所以提供「好的支持」，十家公司可能有九家都做不到。

相較來說，安永全球是很有責任的企業。在此我還是要鼓勵讀者找到好的平臺，我只是舉安永全球為例，

但若有其他企業也能珍惜員工、願意陪著員工成長，這樣的公司就值得珍惜。

回歸來看安永全球的做法，前面我介紹過要成功必須要重視學習，這樣才有助於形成正向循環。相關的做法我在前面有說明，但如果公司能夠提供支持，那是最好不過的。而我很幸福，因為我做任何事，安永全球都能提供我完善的支援和支持。

一些基本的培訓，還有產品教導、如何公眾演說、如何成功銷售……等，這些都是每個傳直銷體系應有的基本配套，也不會被特別宣揚，但以安永全球來說，最特別的就是這裡的學習，已經被提升到另一個境界了。

你有聽過哪家公司的志業是「慈善、健康、教育、人文」嗎？大家乍聽之下，都覺得好像在哪裡聽過？當然有聽過，因為這跟臺灣知名的慈濟有著類似的四大志業，慈濟的志業是「慈善、醫療、教育、人文」，安永全球則是「慈善、健康、教育、人文」。也因此才能吸引創立 48 年的寶齡富錦生技、47 年的杏輝製藥，還有彥臣生技與安永全球合作。

為什麼安永全球這樣一個典型的商業導向機構，會和一個宗教團體的宗旨那麼像呢？答案就是安永全球不只是一個以賺錢為核心、計較營利的機構，我們始終認為財富只是附帶的，當你提升自己的人生後，財富自然就會來，而不需要為了賺錢汲汲營營，甚至不擇手段。

　　安永全球的重點，就是在學習「慈善、健康、教育、人文」四件事，就是四個學習領域，不談錢、不談經濟發展目標，只談服務奉獻，結果就能創造神奇的業績，安永全球已經成為臺灣傳直銷產業的模範生。

　　正如同慈濟不宣揚賺錢，可是錢財卻源源而來的道理一樣，安永全球希望透過教育傳達正向的心念，這樣一個人成為「對」的人，就一定可以帶來財富。

　　因此一般企業的培訓，重點會被放在怎樣銷售、怎樣設法讓客戶買單，安永全球除了一般產品及制度介紹外，培訓的重點竟然是道德及涵養。我們把《了凡四訓》列入成員必讀的功課，這不僅僅是全臺灣，也是全世界的企業所獨有，培訓時教導的是做人做事的道理，讀者有在哪一家企業見過嗎？

　　《了凡四訓》是基本功，在安永全球已經是耳熟能詳的事，對需要往更高階發展的朋友來說，例如我屬於高星級的資深上線，我們這樣的人都負有重任，因此我們的學習要求也不一樣。

　　我們平常會透過群組收到總經理的指示，建議我們讀哪些經典（只是建議，不是強制），像我這種以前不算會念書的女子，如今卻在公司的指導薰陶下，也會去讀《資治通鑑》、王陽明《心學》等提升內心涵養的學問。甚至我在想，大學中文系的學生都未必如我們這麼認真，他們很多可能畢業入社會後，就不再去碰古籍，但在安永全球卻是生活的一部分，大家都要用心學習。

　　安永全球不必去硬記什麼「成交絕對成功的話術」，當我們跟著公司的指導學習時，我們就會成為不一樣的人，甚至我也不怕被人說是往自己臉上貼金，我要說自己變得更有氣質，講話都很有內涵。這樣一來，我就自然會吸引更多的新客戶，他們不是被我的行銷話術吸引來的，而是被我這個人的魅力所感召而來。

　　這樣的學習境界，你說棒不棒？

第十五章
成功的法門：善心篇

　　談賺錢，聽來俗氣，其實不俗氣，人生本來就需要有錢才能過日子，明明需要錢，卻故意不談錢，這樣才是虛偽。

　　但是談賺錢一定要全身銅臭味嗎？如果看每件事都是以金錢為衡量，甚至交朋友也是瞧不起較窮的朋友，這樣的人才有銅臭味。談賺錢是應該的，只要抓住一個要點，這也是前面曾經不只一次強調過的，那就是賺錢只是一種附帶結果，而非主要目的。

　　畢竟賺錢不是拿來收藏的，錢就是要拿來花的，只不過花錢是為了實現夢想、幫助他人，還是自己的吃喝享樂，差別只是這樣而已。

　　現在我的收入比起以前大幅增長，並且不是一倍、兩倍這樣的成長，而是總體收入整整多了一位數，甚至

這還只是開頭，未來還有無限發展的可能，是這樣充滿願景的成長。

那我平常談錢嗎？或者我在安永全球事業，我跟高層以及廣大的下線夥伴都不談錢嗎？當然談啊！許多加入的夥伴們，就是家裡有經濟困難，或者長年領死薪水，人生願望都不能實現，所以才來加入安永全球的，要幫助他們，當然要談錢。

怎樣不銅臭味的談錢呢？本章我們來談分享、來談付出。

沒有「分享」機制就非好公司

首先要來談分享。分享有多重要呢？重要到一間不懂得分享的公司，有可能因此而導致組織整個崩盤。

這裡我就明說吧！在臺灣，大家多多少少都有參與或聽過傳直銷的經驗，或是有家人、朋友有人參加過傳直銷。為何這個產業的形象不好？難道這個產業做了很多傷天害理的事嗎？其實並沒有，相反的，我們知道很多國際知名品牌的傳直銷體系，如安麗、美樂家……，他們每年作慈善公益的金額，是廣大的中小企業不能比的，所以做善事不落人後的企業，不該被貼上負面標籤才對。

那為何許多人一提起傳直銷產業，總有些不愉快的回憶呢？有些人是經營某個體系後，最終不但得罪了朋友，還搞到自己的財務大失血。有的人可能情節沒那

麼嚴重，但當初也是抱著多美好的夢想願景才加入的，最終的收入卻比上班族還少，浪費了很多時間後宣布放棄。這些人到底發生了什麼事？

答案就是不懂得「分享」。什麼叫分享？就是我有你也有，我享受到財富，跟著我一起打拚的人也享受到財富，這樣才是分享。

但有人會說這樣不公平，明明我的能力比小王強，付出也比他多，為何成果要一起共享？其實這裡就搞錯了分享跟共享的意義，分享就是我因為大家的努力，才能享受豐盛的果實，所以我願意不吝分出來給更多人。

當然自己賺到大錢，自己有權改善現況，去過更好的生活，賺十萬元把一萬元分享出去的概念，不是你賺十萬元要全部拿出來與人共分的概念。而共享可以用在資源上，我可以學到什麼，你也可以學到什麼，沒有階級區分，大家都能夠共學共好，但不是類似共產主義人民公社那樣的共享。

而過往傳直銷產業為人所詬病的，也是帶給很多人傷心回憶的地方，就是因為沒做到分享。一百個傳直銷

經營者之中，最後可能只有不到五個人享有大部分的財富，收入達到上千萬元。然後有十幾個人有著還可以的收入，但是 80% 以上的朋友，收入頂多就跟上班族差不多，大部分則更差，甚至收入根本無法維持生計。

不論公司在前面把未來說得多麼美好，以結果論來說，就是大部分人都無法實現圓夢，只有極少數人成功，絕大多數的人沒成功，仍處在平庸，這就是傳統直銷失敗的地方。

這跟人有關嗎？不，這主要是源自於公司的制度問題。首先，公司本身可能就沒有這樣的文化，只一味的要求大家去列名單，邀朋友加入，好讓公司的業績增長，而不是講什麼分享助人。既然打從心底就沒有這樣想了，表現在制度上，就會變成一個只嘉惠少數人、但造成多數人苦哈哈，最終形成怨恨的架構，很多公司後來也因此經營不善而收攤。

以我自身為例，認識我的人都知道，秋美姐很有愛心，非常懂得付出，當朋友有需求時，只要我秋美做得到的，我一定伸出援手。但是這樣的我，在過往的傳直

銷體系中有成功嗎？說實在的，比起傳統上班族工作，我是成功的，收入增長也是倍數計，但是如同我前面說的，只有少數人有賺到錢，多數人卻依然收入無著。

這樣子我會快樂嗎？試想，以我在Ｍ公司月收入幾十萬元的格局，我的下線超過一百個人，結果這些人當中，有幾十個人日子都很不好過，一邊聽著我的輔導，家中卻有經濟困難，這樣子我在推廣產品時，難免會有壓力。雖然他們的貧窮並不是我造成的，但是明明身為他們的上線，我卻不能幫助他們什麼，這讓我感到有些心虛。

但是在實務上，我也不可能贊助金錢給他們，我不可能把自己努力賺的錢均分給我的下線，從某個角度來說，這樣也是不公平的。

重點是制度可不可以幫助我？在過往的傳直銷制度，只能嘉惠少數的人，以我當年在Ｍ公司時來看，其實那家公司當時的制度已經是革新版了，相較於更早之前的其他公司層層分潤，第幾代抽成多少的概念，Ｍ公司的「對對碰」制度，可以有更大的經營獲利可能。

但是其最終結果仍是一樣，要兩邊對對碰，我可以經營好一條線，但沒有另一條線對接，在制度上就是空包彈，不對碰就無法獲取那個等級的金額。造成我一個人努力去引薦好多個新進朋友，可惜在錯誤的制度下，不管我再怎麼努力也難以提升大家的業績。

　　如果連我這樣的大上線，都覺得有被困住的感覺，更別說我輔導的廣大下線了。

　　不能做好分享的平臺，經營起來太痛苦了，我也是直到認識安永全球後，才找到優質的「分享機制」。包含在制度上設計連消費者都可以分紅，以及業績獎金及分潤上，都有更合理的設計。安永全球分享的機制，讓我既能賺錢又能天天都感到開心。

有著「付出」的機制可以為你帶來財富

不能做到分享的公司，自然無法長久，因為在制度上只要有一點不公平，終究會形成一道裂痕，差別只是在裂縫的大小及嚴重性。我們看到許多長青的企業，包含諸多國際知名品牌的傳直銷體系，我們細看一定會發現，那些機構在制度設計上多半都會包含分享機制。

舉例來說，那些百大企業為何能夠事業興旺？因為他們很敢給，像台積電、聯發科等國際大廠都有員工分紅機制，不然就是年終給得很大方，這也是一種分享。

說起年終給得很大方，那就談到另一個議題──給予了。不論是公司或個人都是如此，往往願意給予的，反倒可以獲得更多。我身邊的很多朋友，包含我自己，都是長年去做愛心的人，不只如此，而且我們是誠心的不求回報。結果當我們長年這樣付出，最終上天會回饋

給我們更豐足的生活。

對企業來說，肯給更是重要，以安永全球來說，就是標準肯給的企業，連絕大部分的利潤都願意撥給所有的消費者，這樣的願意分享、願意付出，很少企業做得到。由於前面我們也介紹過很多安永全球的優良制度，這裡我們改談其他公司，因為我們的讀者服務於各行各業，如何找到一個足以託付終身的企業，重點就是要看是否懂得分享以及付出。

為何很多優秀的業務員，例如某某集團的房仲或某家保險公司的經理，可能做到一定程度後，都會想要跳槽呢？往往就是因為他們感受到公司制度的不公平。

公司不僅不願意付出，而且看起來好像在跟員工爭利。當員工辛辛苦苦地開發到一個新客戶，並因此帶來了不少的業績，然而絕大部分的利潤都被公司拿走，這就是無法留住優秀員工的主因。

很多公司賣東西的時候，教導業務團隊用盡心機，無所不用其極的鼓吹客戶掏錢出來下單。但是一旦客戶碰到狀況的時候，卻又做不到該有的服務。例如我以前

從事過保險產業，保險業就有一個時常為人詬病的地方，當初介紹保單說得天花亂墜，結果後來客戶生病或發生車禍要爭取理賠時，公司卻又總是推三阻四，這個不合標準、那個不屬於理賠範圍等等的，明明過往每個月都準時繳納可觀的保費，臨到有需求的時候，卻不能獲得理賠，誰不會生氣啊？

結果公司往往把責任推給業務員，當賺錢時公司要分得最大的一塊利潤，當有狀況的時候，公司請業務自己去面對，這樣的公司誰待得下去？

平心而論，業務員可能也有問題，當初推介保單是基於自己的業績，還是真的以付出的心態，真心關懷對方需要什麼樣的保險？如果當時只顧自己的業績，那就會有很多人會便宜行事，例如明知道客戶對保單不了解，不知道該保單其實並不是包山包海什麼病況都理賠，但是業務卻技巧性的隱瞞。他沒有說謊，他只是未盡告知義務而已。

凡此種種，都是不能以付出的心態去看待人、事、物，最終就會帶來紛爭。如果連好好處理銷售都做不

到，更別談要帶給客戶更高的夢想實現了。一個常出狀況的人收入會增加嗎？所以說，付出跟一個人財富有明顯的關係，這是大家都應該理解的。

所謂的付出，不一定每個人都明白它的定義，以為捐錢行善就是付出。以安永全球來說，這個部分就做得很好，這裡指的不單單是安永全球將 2023 年列為公益元年，年年行善助人不遺餘力這樣的事。而是指安永全球願意把「付出」這件事，當成公司教育的一環。

一般民眾，好比說一個識字不多，從小窮苦出身，如今 70 歲的阿嬤來說，她也可以加入安永全球，成為一個產品的分享者，她受的教育可能有限，也沒有很深入的德育薰陶，但是只要在安永全球，她就可以被引導，學習如何付出。

比較明顯的項目，就是前述的公益行善，這位阿嬤只要加入安永全球的號召，在每次的公益活動中贊助一定的金額（金額不限，端看個人的財力及心意），她就可以在安永全球的環境氛圍下長期做公益，成為一個付出的人。

　　這裡指的不只是如此,安永全球已經形成了一種善的文化,包括平日引導大家讀經典,也會傳達付出的精神,久而久之,就會形塑大家知曉付出的重要性。在安永全球的辦公室裡,到處都張貼著《了凡四訓》的金句,任何人在這裡都可以學習到怎樣提升自己的道德涵養。

　　懂得分享,懂得付出,就會帶給自己更多的收入。

　　這不是刻意為了想賺大錢才做分享、做付出,如果是刻意為了賺錢才做的,反倒沒有效果,因為單純為博取名利而做的事,一般外人也看得出不夠真誠,那樣的善行就會大打折扣。但如果是基於真心,可以說毫無例外地,你播下的善心種子,最終必以甜蜜的財富果實回報你。

第六篇

成功見證篇

第十六章
從安永全球看秋美

本書來到尾聲，我邀請我的幾位好朋友，以不同的角度來見證我的成功歷程，也讓大家更加認識秋美這個人。

首先我要請我的兩位長官，也就是對我的人生有很大提攜的安永全球最高負責人——董事長及總經理，分別以他們的視角分析這個平臺，以及我怎樣在這個平臺打拚的。

行善修道，這是個助人的事業

安永全球事業總經理 / 柯以哲

　　我本來是個教育工作者，作育英才已經超過三十載。因緣際會在朋友的引介下，來到安永全球擔任培訓講師，後來越來越投入這個事業，也因為我的理念與董事長十分契合，後來就接任了總經理一職，同時我也離開了服務多年的教育界。

　　我很早就知道彭秋美這個人了，那時是 2023 年 2 月，安永全球的勃發是在 1 月，秋美算是創始元老之一，在當時也已經做出一番成績了，我也是因為聽聞有這麼一個推薦王，所以才知道她。

　　從 2 月到 6 月，我的身分是講師，到了 7 月才接

任總經理。也是從那時候開始，我把自己的理念貫徹到這家公司，例如我把《了凡四訓》帶進來，希望不僅僅是每個團隊的成員必讀，也要形塑成公司文化的一部分。

在擔任講師時候，跟秋美只能算是點頭之交，畢竟那個時候我也只是個上課的老師，而她是眾多聽課的成員之一。

不只推廣事業還推廣慈善

當初我就是認同這裡的制度才決定加入的，老實說，在全臺灣目前我沒有看到像安永全球這麼好的制度。當我決心做一件事，我會很用心的投入，包括我帶進了各種跟人文素養相關的理念。另外，在我 7 月正式加入時，也確認了永安全球的四大志業：慈善、健康、教育、人文。

必須說，影響是迅速的，我 7 月剛加入時，安永全球的整體業績大約新臺幣 1000 多萬元，後來真的是呈現爆炸性的成長，到了秋美出書的這年，其實也才隔不

到一年,公司的業績就已經成長到單月超過 1 億 5000 萬元,而 2023 年全年的營業額則是達到 6 億元。

除了業績成長外,從我加入經營團隊的那時起,也是我設定的安永全球公益元年。我帶領公司團隊,從惠明盲校做為第一間關懷的機構,此後我們每個月都有各種的拜訪關懷活動,團隊成員們也都利用自己的時間,陸續拜訪各地的慈善機構。

一年內我們就去過了宜蘭、臺北、桃園、臺中、彰化、苗栗、高雄、屏東……等地,未來計畫每個縣市主要的社福機構、慈善機構都要去,會搭配相關的聯繫持續進行。

與秋美共同合作

如同前述,秋美原本是我的學生,當時也聽聞她是推薦王,但是當時我還沒有深入參與組織的運作,因此和她接觸不多。而當我開始擔任總經理後,秋美跟我互動就變得非常頻繁,她的許多意見對我來說都非常的寶貴。

一個很重要的改變，就是我們培訓的方式。在2023年7月以前，當時對於夥伴們的講解，主要是綜合版的，但是重心放在制度，畢竟安永全球最吸引人的，就是獨創的制度。然而隨著公司組織發展越來越龐大，秋美跟我都覺得整體培訓應該要更加制度化，有一套更加堅實的解說體系。

　　也就是從那時候開始，我們變成雙講師制，在很多的培訓場合中，由秋美出來先做個引言，從公司介紹開始，之後就是分工，秋美主講產品，我則主講制度。在這段時間，我們逐步加深產品介紹的分量，畢竟消費者是要來買產品的。隨著公司產品線越來越廣，也都需要有更多的產品介紹說明。

　　必須說，我所認識的秋美，就是一個認真勤勞的人，以前是傳說，後來我跟她經常互動，則是我親眼看到她的努力。所謂「天道酬勤」，她能有如今的成就，是她的用心與努力應得的。

　　我們常聽聞成功的人，特別是女性，可能比較會是精明幹練的氣質，但是認識秋美的人都知道，她的型不

是一個典型的企業家，而更像是個鄰家大姐姐。若是要我用兩個字形容她，我深思的結果，那兩個字會是「善良」，秋美真的就是一位天性善良的人。

早在我於安永全球推動公益慈善前，秋美本身就已經長年行善，我知道她長期有捐贈的習慣，對家人和長輩也都很孝順。她跟我一樣，常跟夥伴分享，行善不能等，慈善才是做人處世的根本。

秋美善於帶領團隊

對於秋美推廣事業的認識，我知道她的團隊非常有向心力，聚會的地點主要都在她家，當年我還是講師時，也有受邀去她家為新夥伴介紹公司的制度。

基本上，她的聚會分成定期的還有不定期的，定期的就好比臺中或高雄，每週都有指定一天，她會專程排出時間來跟團隊見面聚會，也協助團隊解決問題；不定期的就比較不拘形式，就是好姐妹大家聚一聚，有時候吃飯，有時候暢懷聊天。

有時候我會覺得，秋美舉辦聯誼相聚的模式跟基督教很像，她本身也的確是虔誠的教徒，就好像白天在教會比較正式的活動，晚上到她家聚餐那樣的概念。

秋美是個很懂得感恩的人，例如她到現在，每當上臺講話時，總是會提到感恩當初廖先生引薦她認識安永全球，直到今天，秋美在公司的位階已經來到準八星，業績也已經超越當初引薦她的前輩，但是她永遠心存感恩。

她很感恩就在後疫情的時代，正當家裡的本業碰到瓶頸時，透過廖先生引薦認識了安永全球，不只讓她填補了當時公司的財務缺口，後來更成為公司蓬勃發展的主力。

善良的人都來到安永全球

關於安永全球，就是個善的企業，我們賣產品是為了助人，我們平日推廣的，也是如何助人。我覺得就好像秋美一樣，天性善良的人都來到安永全球，有福報的人都來到安永全球。

　　某個角度來說，安永全球像是個宗教事業，不只是我們的四大志業跟慈濟很像，實際運作上，就像宗教團體，好比是教會，也總是歡迎大家介紹朋友，彼此相見歡。我們安永全球就是這樣，差別是我們會介紹產品，而不是介紹宗教的教義。

　　我有時候會跟新朋友說，如果你要認識安永全球，卻覺得官方說明太長，對新人來說不容易明白，那就簡單這樣記：慈濟＋健康產品＝安永全球，或者另一個也是很好記的方法：慈濟＋安麗＝安永全球。

　　在我們的四大志業中，關於慈善及健康大家比較容易明白，畢竟安永全球每天在做的，都跟這兩件事情有關，凡是進來的人都知道。但是四大志業中的「教育」，可能是一般人比較好奇的，難道教育是指我們上培訓課講的產品介紹，或是講公司制度嗎？

　　我們的教育是真的教育，類似大家以前學校上課那樣的教育。我們不只請老師，我們也希望每個會員自己就當老師。教育誰？不僅僅是教育新進人員，也要求每個會員自己以身作則，教育自己的家人及朋友。

教育什麼？例如我引進四書五經到我們的培訓體系裡，那不是大學選修的概念，而是每個人每天一進到辦公室，就會感受到這種教育的氛圍。

幫助弱勢需要教育

談起教育，在安永全球的發展目標上，我們的確將來計畫要成立希望小學，因為我們知道，教育影響一個人的未來甚鉅。一個小時候得到良好教育的人，將來不僅僅有機會可以考上理想的學校，更重要的是為一生打好基礎，很多觀念建立了，就是一輩子的事。

學習不單單是去記憶天文地理等各種常識，更重要的是建立每個人的自覺。有知識的人，將來就有能力成為照顧別人的人，有一己之長，也比較不會在社會中居於弱勢，不需要長期依賴別人，甚至伸手向人要東西。

很多人提起慈善，提起幫助弱勢，第一個想到的就是捐錢，但是對這些弱勢者來說，真正的幫助絕對不是金錢或物資，那些只是治標不治本。真正能幫助弱勢的，應該是從教育著手，去協助弱勢孩子，一個人的能

力一旦強了，就可以追求自己的幸福。例如我們談論郭台銘先生時，重點不是他怎麼治理公司的過程，而是他雄才偉略所植基的觀念。

金錢只能幫助一個人現在有飯吃，而教育才是長遠的，改變觀念，就能改變一個人的人生。我個人從事教育三十多年，即便如今我進入企業界擔任總經理，不過我還是比較喜歡大家叫我柯老師，而不是柯總。

令人敬佩的彭秋美

曾經身為經歷資深的老師，數理本科的我，比起傳授理化等基本知識，在校時我更愛做的是擔任「傳道、授業、解惑」的角色。特別是授業，當我們提到各種物理、化學、生物等科學知識時，老實說很多事都不是定理，甚至連社會科也一樣，就以地理課來說，國家版圖也都會變來變去的。

然而相對的很多「觀念」卻是長久的，你讓一個人從小就懂得勇敢、自信，這些觀念讓他這一生不管去到哪裡，都可以獲得很好的成就。

當個好老師不容易，我們最大的希望並不是傳授給孩子更多的知識，在現代網路社會中，各種知識上網都搜尋得到，我們要傳授的是自學的能力，數學這門課可以教，但是如果要讓孩子「主動」想學數學，這件事就要教育者從「心」著手了。

　　說起心，我們回到秋美身上，她就是一個很主動、積極、認真的人。看到她，我不禁想到四句話：「輕財足以聚人，律己足以服人，量寬足以得人，身先足以率人。」

　　輕財足以聚人，因為秋美的格局夠大；律己足以服人，因為秋美對自己做到嚴格要求，遵守公司政策，只要是公司推動的事，她都帶頭報名，團隊也自然跟她效法；量寬足以得人，秋美不管遭遇到怎樣的負面評價，她的肚量大到可以去面對所有的事；身先足以率人，秋美做事都是自己帶頭衝。

走在修道的路上

以學習來說，秋美在全方位領域都做到很令人讚賞，即便已經表現不錯了，卻依然不斷自我學習精進。

例如對於身為高聘階的人，除了《了凡四訓》外，我還會透過群組指定更多的學習功課，像我指定要她看《大學》、《資治通鑑》及王陽明的《心學》，這些書單是開給同一個高階群組的夥伴們，我知道很多人可能以忙碌為藉口，不會照我的書單去閱讀，但是我相信秋美都有去讀，這都可以從對話中知道。當我們開會討論事情時，我引用了這些書中的話語，秋美的反應就是讓我知道，她真的有去看這些書。

學習這條路，不論在各個行業，都是修道、悟道然後得道，但是在安永全球，我們是入道、修道、悟道、傳道，多了一個入道，就是有人願意帶領的意思。以安永全球的事業經營來說，從願意加入的那一刻起，人人都已經入道，但入道後卻不一定能修道，所以後來的發展，有人還是停留在一星、二星，但相對來說，肯修道的人例如秋美，就已經來到準八星位階了。

如果要問，所謂修道真的跟我們的行銷致富有關嗎？其實還真的有關。你說你是提升人文素養，又不是學習業務技巧，為何有關？實務上，我們安永全球的新進夥伴，很多都是大企業家。這些大老闆們並不缺錢，你若是以做這個事業可以賺很多錢為誘因，對方不見得會有興趣，這些老闆們比較喜歡遇見比他們道行高的人，如果你的道行高，他服了你，他就自然會加入了。

各位讀者可以想想，大老闆們都可以捐錢蓋廟、修教堂了，捐錢是花錢而不是賺錢，他們為何還要這麼做？正是因為廟宇、教堂吸引他們的就是道行。所以安永全球是屬於入道的機構，修道者吸引更多人進來。

走大愛才有大富

身為企業，安永全球自然也要追求業績年年成長，但是我們有自己的商道與人道。有人拿我們跟其他的傳直銷公司比，認為大家都是同一個市場上的競爭者，其實也對也不對。以性質來說，安永全球的確跟許多傳直銷公司的屬性相同，我們也銷售健康保健產品及各項日

用品，但是在實務上，安永全球的定位還是很不一樣，具體來説，安永全球不一定要去搶直銷的市場。

我們要找的是非直銷市場，真正的直銷市場反倒只占 20%，所謂的非直銷市場，包括不喜歡直銷、排斥直銷，甚至曾經在直銷市場受挫的，這些人才是我們的市場，這些人占了我們客戶的 80%。要怎麼讓他們認同直銷，我們所要傳遞的，並不是傳統那些傳直銷領域的話術，而是要透過人文素養、透過教育。

在安永全球，我定義了慈善第一、健康第二，再來就是教育，扎扎實實的教育，就是打造永久的基業。秋美在各方面都做得很好，她參加聚會也都很認真回饋，她本身認同安永全球的精神，自己就是一個慈善人。

個人行善是小善，眾人行善才是大善。真正的大善絕對會帶來大富，別的不説，就以安永全球的四大志業來説，學習的是慈濟的四大志業。慈濟會介紹產品嗎？慈濟會介紹制度嗎？但是大家都知道慈濟很有錢，並且是由眾多大老闆們心甘情願去捐錢給慈濟，所以大善及大愛也會帶來大富。

一起成就未來的美好

在未來的願景方面，安永全球目前在臺灣已經站穩了腳步，下一步自然要朝海外發展，這部分我們也很看好秋美的未來。

我們知道，她早年就投入傳直銷事業，已經很懂得在海外建立市場，她有很多的客戶網絡是在大陸建立的，所以未來在大陸市場這一塊，我們相信秋美也不會有問題的。之後，公司將會布局新加坡、東南亞還有東北亞市場，相信秋美也會是我們的先鋒。

我有時候會把自己以孔子來做比喻，孔子有三千弟子，還有七十二賢，那麼秋美就是我的七十二賢之一，並且是很重要的弟子，因為她非常的優秀。

張載在《西銘》有言：「為天地立心，為生民立命，為往聖繼絕學，為萬世開太平。」這也是安永全球正在做的事，相信也是秋美正在做的事。大家一起助人，一起修道，一起成就更多的美好。

她是安永全球的貴人

/////////////////////////////

安永全球事業董事長 / 孫溪賓

　　秋美很早就加入公司了，身為董事長，我屬於經營管理端，比較沒辦法去認識所有的經銷商。我正式認識她是在 2023 年的春酒上，在那個歡慶的場合中，聽夥伴說有一個新人推薦王叫做彭秋美，那時候才正式認識她。

　　最早認識她時，知道她是一個優秀的供應商，她是很活躍的女中豪傑，為人海派，感覺八面玲瓏。當我們講到這種屬性，會覺得是很商業計較甚至很利益導向的人，但實際上秋美的個性卻很正直，一路看著她走來，很多事也總是親力親為。

　　沒有人是完美的，但是秋美令人佩服的一點是她願意不斷地精益求精，我看到秋美幾乎每一個課程一定

到，從我注意到安永全球有這位推薦王開始，我觀察到她就是從基礎開始，願意按照公司的制度規畫，一步一腳印的學習成長。

就這樣，她慢慢走到如今的成就。說慢，其實她攀升的速度很快，不過是短短一年的時間，她已經從一星爬到目前的準八星。

秋美的工作態度也很值得大家學習，她把安永全球當做自己的公司在經營，每個過程都願意配合公司的規定要求，從不質疑，也不會抱怨，不管外面風風雨雨，她始終如一，挺公司往前走。

我知道過往她曾參加其他的直銷公司，也做出了相當的成績。當她來認識安永全球後，就確認這裡是讓她可以發揮所長的舞臺。一旦下了決定，她就全心全意帶領著下面的人，毫無保留地輔導他們。

她所發展的組織，已經是安永全球目前最大的組織。她自己雖然住在臺中，可是組織人員遍布全臺，而不論聚會地點多遠，她每次也都是親力親為，到北、中、南各大城市陪同夥伴開發市場。

在秋美身上，我看到了一個為了理想、為了目標，不斷學習、不斷成長的典範，每一次的失敗，她都當作是彌足寶貴的經驗，每一天她都比昨天更加進步。

在她身上我也看到她很捨得，對待所有的人都很大方，就只為了成就他人。對於公司的四大指標，她也忠心地跟著公司一直往前走，從來不落人後。

我們每一個人再怎麼忙，當然健康優先，要照顧好自己才能照顧好別人。接著孝順也很重要，不管自己多忙，都要撥空陪父母。秋美就是這樣的人，百善孝為先，從這個角度來看，秋美未來一定是個更傑出的領袖。

我曾跟她以朋友的身分聊過，問她為何當初會選擇這個平臺？秋美表示，她看到安永全球這個平臺，能夠照顧到 80％消費者，這點跟其他的傳直銷公司不同。一般公司是照顧經營者，但是安永全球這家公司是照顧消費者，也是在這樣的基礎下，願意讓經營者分享整個利潤。秋美看到這樣的平臺和這樣的理念，跟她想要做的公司理念符合，於是便一頭栽進來，這就是秋美。

一路走來，安永全球的健康產品，不管是吃的、用的、抹的、漂亮的、回春的，基本上都有各大品牌的實力做基礎，這樣的產品當你要向人引薦時就不會感到心虛，不會擔心這產品的成分怎樣，不會有任何在品管上憂慮的包袱。

傳統上，人家總說直銷越做朋友越少，然而在安永全球，大家卻是越做朋友越多，因為當大家認識安永全球以後，透過每個人的人脈、透過親和度、透過講解，持續不懈不怠，就在不知不覺中把組織拓展出來了。

目前在整個公司裡，秋美的實力很強，她的業績幾乎占了全公司二分之一強，公司能夠得到秋美這樣的支持，可以說她才是安永全球的貴人。

第十七章
從戰鬥夥伴看秋美

以經營者的角度，上一章我們看到從安永全球董事長以及總經理的眼中，秋美是怎樣的人，也透過他們的角度，介紹了安永全球的文化特色。

接著請到兩位安永全球的戰將，一位是資深的培訓界名師張為堯，如今他也加入安永全球組織經營的行列，透過他的角度來看秋美是怎樣的人。

另一位在這裡更要鄭重的特別介紹，他就是最早引領秋美跳出舒適圈，從傳統產業進入傳直銷業M公司，後來也是經由他的引薦才認識安永全球，他就是廖勁天先生，他也是安永全球重要的領導人之一。前面章節曾經介紹和他的互動，這裡也以他自己的角度來談談秋美這個人。

看到她就感受到世界會更好

//

亞太地區王牌講師 / 張為堯

我是從講師身分開始做起，後來才真正投入做組織行銷。說起秋美姐，那真的久仰大名，我早在尚未加入安永全球時就聽過她的名字了，因為她之前在M公司也是一號人物，是個高聘的領導人。

真正與她見面正式認識，是在 2023 年 9 月，看到她本人時，就是一種有強大氣場籠罩的人，我知道這樣的形容很抽象，可是就是有這樣的人，當她一出場時，整個氛圍就會變得不一樣。

這樣說感覺好像她很強勢，可是秋美姐並不是強勢型的人，她反倒很親和，大家可以想像，秋美姐就是既有能量，但又沒有咄咄逼人的氣勢。秋美姐是個笑容可掬、短髮俏麗的女子，而她的頭髮，我不太會形容，她

不是標新立異，但頭髮就是很有戲，好像日本動漫女主角的特殊造型。

當然，她不是特別去弄什麼造型，她就是整個人給人一種俐落的印象，打從看到她的第一眼開始，你就會發現這個人總是滿臉堆著笑容，那種這個世界沒什麼煩惱的感覺，你也會感染到她的開心的那種笑容。

那時候是 9 月，她圍著一條絲巾，當時我心想，這個傳直銷界的大人物，原來竟是個非常親切的鄰家大姐。

對她更多的認識，也是在那個月見面以後我才知道，秋美姐不只是現在在安永全球做到很不錯的成績，她從前在傳統行業也把生意做得有聲有色。包含她的先生，後來我們認識後才發現他也是個親切的鄰家大哥哥，兩個人都待人親切，總是笑容可掬地待人。

我身為講師，經常會接觸到企業家，通常一個女性老闆都會比較有霸氣，秋美姐的收入不輸那些女企業家，可是卻總是笑容燦爛，非常關心身邊的人，非常的溫暖。

我們因為同樣在安永全球打拚，彼此互動的機會很多，隨著對她的認識加深，我只有對她更加的佩服。我後來才知道她過往也是歷經艱辛，是白手起家的成功典範。

而認識更久後，彼此已經熟到可以笑笑鬧鬧開玩笑的階段時，我會形容秋美姐她這個人有點頭腦簡單，不過這裡並沒有負面的意思，而是她這個人真的性情純真，對人充滿善念，對我這種自認經歷過很多社會險惡的人來說，秋美姐真的是單純到很可愛（希望我這樣說秋美姐不會生氣）。

不管個性如何單純、如何親切，但是在事業拓展上，秋美姐非常有她的執行力，否則也不會在傳直銷界成名那麼久。她是個基督徒，最常講「相信就蒙福」，她相信很多事是上帝的旨意，凡事努力去做就對了。

我總是看著她鎖定一個目標後，努力不懈向前，就好比從四星到五星，再從五星到六星，現在已經升任準八星，她就是設定目標，從來不覺得需要改變，往前衝就是了，她的韌性真的很強。

我之所以會加入安永全球，雖是受到我的老朋友，也就是安永全球的柯總之邀，但是當時只是受命重組商學院，我本身對這家公司的組織經營沒什麼興趣。真正會讓我感到心動，從原本的講師身分轉而投入組織行銷，是因為許多安永人的熱忱與可愛改變了我，其中自然也包含了秋美姐。

簡單來說，看到秋美姐，我就覺得做什麼事都很有朝氣，她就是一個這麼有感染力的人。這裡指的不只是組織行銷，也包括公益行善。

2023 年 10 月安永全球開始發起人人領分紅，也要人人做公益，這個由總經理帶頭發起的活動，第一個站出來捐款響應的，正是秋美姐，她不僅自己透過行善來拋磚引玉，也真的很有影響力，她非常努力號召朋友們一起共襄盛舉，大家也都響應了她的號召，紛紛掏錢出來做慈善。

當然，這也是因為秋美姐平日都很照顧大家，大家被她所感動，所以對她的號召總是能夠一呼百應。

秋美姐讓我認識到安永全球，不是傳統那種傳直

銷的銅臭文化，而是真正充滿愛的文化。慈善、健康、教育、人文，是我們公司的四大志業，我也是透過秋美姐，看到她的付出，激勵自己要多多學習。

從前秋美姐就很會做組織行銷，而現在找到安永全球這樣的平臺，她更是能夠將實力開到滿檔。說實在的，安永全球雖然加入的人越來越多，但是對公司帶來實際業績的人當中，秋美姐稱得上是公司的一根棟梁，她的團隊對安永全球的業績貢獻度很大，也因為如此，她照顧到很多的人。

由於我們的制度是只要加入，就算只是消費者也可以領到分紅，因此當秋姐為公司帶來龐大的業績時，也讓所有的人因此可以領到分紅。

有人就跟我說，每個月看著帳戶又有進帳，想到那些有很多都是秋美姐她們打拚來的，讓他們都覺得很不好意思。而這也激勵了更多的人要更加努力，才能成為對公司業績做出貢獻的人。

以我自己的經歷來說，身為資深講師，我去過的傳直銷場合非常多，但真正最讓我感到安適的，就是安永

全球。以往在其他的傳直銷場合，總是看到幾家歡樂幾家愁，而且愁的人遠遠多過那些興奮的人。

因為只有那些少數人賺到錢，當然興奮，但是大部分的人都還是處在生活困頓之中，不知道明天的收入怎麼來，這怎麼會快樂得起來？可是來到安永全球，就不會有這種快樂與憂愁的對比，而是大家都很快樂。

這裡連開會的氣氛都跟我以往接觸的傳直銷有很大不同，有非常多的歡樂與真誠，大家都是平凡人，但大家也都是比過去的自己成長很多的人。

我在安永全球擔任講師時，就感受到這裡的氛圍真的很不同。我沒有看過哪一個培訓場地，上課的學生平均年齡那麼大，幾乎每一位我都該稱之為長輩，所以我在上課時，無意間還變成被照顧的小弟弟，長輩們都對我很好，後來我還有個綽號，變成安永全球的「國民女婿」。

秋美姐的年紀雖然比我大，可是看起來總是青春有活力，也是她帶動每個班級，讓大家都展現陽光般的熱情。

總之，安永全球有著很「真」的環境，這裡沒有人會被看低，也不會因為你的業績不好就被瞧不起，相對的，業績不好時會有許多長輩為你加油打氣。秋美姐總是不吝於分享怎樣推動業務，若是需要她本人出馬協助，她也總是義不容辭。

　　秋美姐和她先生德哥，被大家尊稱為「神鵰俠侶」，而以她們夫妻為核心，也經常影響一對一對的夥伴，我就在她的團隊裡，看到許多的賢伉儷組合。

　　感恩能夠認識秋美姐這樣的人，她很勤勞、很會照顧人、處處為人著想，因為有她，我更感受到我在這裡充滿希望。就單純的相信，單純的知道明天會更好。

相輔相成在安永全球發光發熱

安永全球事業六星 / 廖勁天

透過我的角度來談秋美，相信這個紀錄是很珍貴的，因為我認識她已經七、八年了，我見過從前經營傳統飯店用品生意的她，也見過後來在組織行銷發光發熱的她。

第一次與她見面是在 2017 年，當時我在Ｍ公司，銷售的主力商品是小分子肽。後來透過一位學姐推薦秋美這個人，當時就專程去臺中太平區找她。對她的第一印象就是她充滿了活力，也很幹練的樣子。

一般陌生拜訪時，一旦聽到對方是做傳直銷的，或多或少都會有些質疑，甚至反感的表情，但是我第一次跟秋美見面時，她就是個很開朗、熱愛交朋友的人，她很認真聽我講解，也很實在的對我說，如果產品好，她

很願意買來試試看。

試什麼？原來秋美第一次買產品，不是為了自己，而是為了幫朋友。當時我介紹完小分子肽後，她當下第一個想到的，是她的一個朋友曾經染毒，如今戒毒後有些戒斷症，秋美想要幫助那個朋友。

後來她的朋友服用小分子肽後，身體狀況真的有了改善，之後又陸續有其他朋友使用，並且給了她正面的回饋，於是秋美覺得這個事業可以做，因為可以幫助人。

秋美在認識我以前，並沒有經營過傳直銷，然而當她的熱情一旦啟動後，速度很快，她不只開始在臺灣推廣，甚至還踏出國門，把產品賣到大陸去，並且她的成交率非常高。

我後來才知道，那是因為秋美過往做生意時，做人做事都以誠信至上，因而贏得兩岸朋友的信任，所以不管她講什麼，對方都願意聽她的。她的這種特質非常明顯，我也從她的身上感受到，原來一個人做人做事真誠，是可以帶來很大影響力的。

那年是 2017 年，之後她也跟著我在Ｍ公司經營傳直銷，透過好的產品幫助了許多人。不過以結果來說，她在Ｍ公司只能算是小賺，真正讓她的事業大爆發，還是後來加入了安永全球的事。

我跟秋美夫妻的互動很愉快，而且我們的能力可以互補，秋美是個企圖心很強、很有親和力也很有行動力的人，簡單來說，她是一個戰將。而我很擅長做計算的工作，所以我很懂得結合各家的制度，計算出分配最好的銷售模式。

例如以Ｍ公司來說，就可以結合這家公司的「對對碰」制度，我和秋美討論出怎樣安排下線最能獲利。不過這套制度終究有其侷限，有能力者可以賺到錢，但能賺的也很有限。

到底怎樣才有更好的制度呢？我相信秋美對我是很信任的，她知道我對這類的計算很有心得，因此當我再次去找她，向她推薦安永全球時，她絲毫沒有猶疑就直接加入了。可以說我第一天加入安永全球，那她就是第二天，我們只差一天，我是認識安永全球第一晚就找

她，她隔天就來入會。

在Ｍ公司時，我和秋美就已經是默契十足的戰鬥好夥伴了，來到安永全球，我們也繼續合作無間，她有需要幫忙時我會支援她，而她也經常協助我培訓我的團隊。我和秋美都有個信念，不只自己要強大，也要幫助其他人強大。

在Ｍ公司時，我們雖然都有賺到錢，但並不是很快樂。基於 20/80 法則，Ｍ公司就是典型的 20％有賺到錢（包括大賺跟小賺），其餘 80％則沒賺到錢，或是收入低於上班族的平均薪資。就是因為大多數人沒賺到錢，所以長久以來，傳直銷產業才會給人那麼不好的印象。

我們都是重視朋友的人，當然也擔心做組織行銷會讓自己的朋友越來越少，因此當我發現安永全球連消費者都可以分紅時，認為這真的是很棒的平臺。

這裡的分紅不只可以回本（等於當初買的產品不用錢），還可以支領 1.5 倍的分紅，並且這件事不限時間，一個人如果持續有消費，例如每個月都持續購買生

活用品，他就可以持續領分紅。

而且我們要強調的是，這裡不強迫你購買不需要的產品，安永全球的商品，你若不在這個平臺買，也都需要去其他地方（如藥局或賣場）購買，而那些地方的買賣，當銀貨兩訖後，消費者跟廠商的獲利一點關係都沒有。但是如果在安永全球消費，同樣的消費卻可以被視為公司股東，領取分紅。大家不知道則已，只要知道有這樣的好康，誰不會選擇來安永全球消費呢？

總之，我在安永全球做得很快樂，不僅有成就感，並且心裡覺得很踏實。不像從前只有自己賺錢，但是一想到下線仍沒有收入，就不免有些許愧疚感。

在以前的組織裡有兩大遺憾，第一個遺憾就是前面講的，只有我以及少數人賺到錢，團隊中 80％的人是沒賺到錢的；第二個遺憾是明明有好產品，後來卻只能眼睜睜看著產品而無法購買，因為沒錢買了。

M公司的小分子肽是很棒的產品，可是好產品價格相對也不便宜，一個人本來吃著吃著身體變健康了，可是到後來組織沒有做起來，到頭來連生計都有困難，也

就無力消費小分子肽了。

　　健康不能持續，甚至我們聽聞有人因此離世的。那是因為原本就已經重病，吃了小分子肽後有所改善，可是一旦沒有繼續服用，身體又逐步退步到從前的狀態。感恩來到安永全球，從前的那些遺憾再也不會發生了。

　　説起小分子肽，是我們安永全球的主力產品之一，而説起來我也有一些功勞。當初是秋美找柯總還有我，分別去説服研發小分子肽的陳董加入安永全球，而前兩次並沒有説服成功，直到第三次換我去談，陳董才終於點頭同意。

　　記得在 2022 年 12 月底，安永全球才剛起步，甚至連個像樣的辦公室都沒有，那時我們的團隊就已經啟動，並且號召了一、兩百人。

　　包括教育制度也是土法煉鋼，在資源匱乏的情形下，秋美跟我一步一腳印鞏固起組織來。因此不諱言地説，秋美跟我當時打下的團隊基礎，算是對安永全球功不可沒的。

後來安永全球真的壯大起來了，如今秋美已經做到準八星，我也做到了六星，我們平日主要是服務自己的團隊，也帶領大家一起做學習。安永全球真的很不一樣，別的公司每天鼓吹業績要破紀錄，我們卻是在談四大志業，談怎樣助人、怎樣做慈善。

如今秋美跟我都一樣，把慈善公益當作生活的一環，我們身為領導人，總是帶頭捐款，公司去哪裡探望弱勢，我們也跟著全省到處跑。

我們相信，知福、惜福、造福，福報就綿綿不絕。這是我們在安永全球打拚的真實歷程，精彩的故事還在繼續上演。

第十八章
從親密家人看秋美

感恩許多貴人好朋友們一路的扶持，秋美今天能夠成為一個幫助他人的人，也是因為曾經有許多人為我撐傘，讓我願意成為一個也為別人撐傘的人。

人生路上要感恩的人太多了，我相信每位讀者也是這樣，一定有著許多曾經在你打拚路上為你喝采的貴人，當你難過的時候安慰你，在你迷惘時陪著你。因此當你有了成就時，千萬不要忘記他們。

本書最後，就來邀請陪伴我久久的貴人——我的家人還有好友，一起分享他們眼中的我，以及最佳的平臺安永全球。

神鵰俠侶一起在安永全球打拚

秋美的先生，神鵰俠侶中的大俠 / 林明德

那是很久的事了，從當年我看到那個俏麗熱情的小女孩，到如今成為我妻子的她，轉眼也已經二、三十年的時光。感覺上她都沒有變，秋美依然是那個熱情洋溢、總是能讓周遭朋友被她的熱情感染的一個陽光女孩。

最早認識她時，就只是單純的業務與保戶關係，我是她們公司的保戶，屬於她服務的名單範圍，就這樣有了接觸，但當時只能算是點頭之交。當時年輕的我從軍中退役後準備創業，有留意到這個亮眼的女孩，但是心思並不在她身上。

後來漸漸對她動心，是在參加一次培訓活動的時候，記得那是某個傳直銷體系辦的訓練營，我們都不是

那家公司的組織經營者，純粹只是為了加強自己的業務能力而參加。我當時因為要創業，而秋美也參加這個活動，就代表她很有企圖心，願意不斷學習，激勵自己成長。

我在那次活動中被她驚豔到，在活動中的許多橋段，有些需要上臺表演，或者團隊齊力挑戰任務等等，我看到這個女孩做事很有主見，也散發著群眾的感染魅力。我算是那個時候「煞」到她了吧！

但是那時她對我還沒有意思，我當時跟她要名片（之前的保戶服務只是制式見面），但是她跟我說名片發完了，不過有留下我的資料。

之後她主動來找我，當時應該是為了要開發客戶，總之，有一天她拜訪客戶時剛好經過我的辦公室附近，就順便來探訪我，從那次之後，我們的互動開始變得比較密切。

那時我承租整個大樓的一到四樓，樓下是我的創業辦公室，樓上則是租給別人。秋美那時說她剛好在找房子，於是就租了其中一戶，再之後很多的故事，總之，

算是近水樓臺先得月吧！秋美先是成為我工作上的夥伴，後來就變成我的家人。

帶來家庭事業繁榮的支柱

我算是從年輕就有志氣想創業的人，而秋美成為我的伴侶後，的確讓我如虎添翼，事業蓬勃。

我是做飯店相關商品的貿易銷售，算是盤商。一開始的客源主要是各大餐廳，我的主力區域在臺中，我的另一個創業夥伴負責臺南。後來我們協議，那個夥伴自己在臺南經營，我則專注在臺中，我的真正合夥人至此就只剩下秋美。

公司的主力經營者是我，而秋美則是我的財務大臣，有她在，讓我可以安心闖蕩事業，後來也的確賺了一些錢，買下了位於臺中市太平區的房子，也就是我們現在住的地方。

公司業務最興旺的時候，我底下有一個業務團隊，我們公司的營業車輛超過十部，當時每天勤跑各大分配

區域的客戶，也就是各大餐廳，而所有後勤，包含財務、人事、採買以及各項支援，有秋美做我的後盾。

那是我們輝煌的創業年代，我們 1993 年結婚，第一個寶寶是在 1995 年出生，再過五年我的女兒誕生。剛結婚的前兩年，秋美還兼具兩個身分，她當時依然是國泰人壽的保險業務，直到孩子出生後，她才轉型為家庭主婦。

在她的擘畫下，我們開始拓展市場，從原本的餐飲業為主，後來主力跑大飯店。但是我們這一行經營不容易，畢竟不是生產者，我們只是貿易批發，其他廠商要是有本事開發到比我們更便宜的貨源，就有可能搶走我們的生意。

隨著競爭者越來越多，我們的經營也越來越辛苦，為此秋美也設法去開發其他的供應商，並因此常態跑大陸，在她帶孩子的期間，也常常自己開著小貨車去各地，以零售方式銷售商品。

不過整體來看，這個行業的業績是無法再往上爬了，營業額一直掉，儘管還是保有一些基本盤，這就是

我們飯店商品銷售業務的現況。日子就只是過得去，後續不是我們不努力，而是這個產業已經來到了瓶頸。

眼看這樣下去也不是辦法，於是這時秋美出馬了，她帶領我們全家突破舒適圈，先是加入Ｍ公司，後來更是認識了安永全球，從此我們的經濟得到了一個很大的保障。

經歷過一段黑暗低谷

後來的故事，相信秋美在本書已經講了很多，但我就以丈夫的角度，談談我的夫人秋美。簡單說，她是一個小太陽，有她的照耀，不管我們家碰到怎樣的困頓，都可以不畏艱難地去闖。

前些年我們碰到最大的危機，就是義氣幫朋友，後來反倒被牽連還債的那段黑暗時期。那筆金額非常龐大，將近兩千萬元，我們即使把房子抵押了，都還是無法全部償還，後來經歷了幾年才終於還清，而來到安永全球後，才算真正的雨過天青。

其實以法律上來講，我們沒有還債義務，純粹是基於朋友間的義氣，當初是好友的公司創業，他們打造二手車銷售平臺，初期也的確經營出一番成績，後來為了拓展需要資金，我們夫婦也是評估過後，認為那個朋友做事積極，才答應幫她募資的。

當時她有個很棒的分紅計畫，絕對不是騙局，我們只是邀請親友先認識一下，讓他們知道有這樣的投資機會，決定權是在他們自己身上。

後來朋友的二手車事業拓展太快，資金又沒有控制好，快速展店一下子燒掉太多錢，導致無力繼續經營。一開始他們還有支付投資人紅利，接著就撐不下去宣布倒閉，這下子眾多親友的投資都血本無歸了。

這雖然是他們自己的投資選擇，就好比我們建議某支股票看漲，投資人買了後該股卻不幸慘跌，不能因此要求提供建議的老師賠錢，但是秋美是個講義氣、有擔當的人，她說既然親友都是因為信任她才決定投資，那她不能辜負這樣的信任，於是她決定一肩扛起全部的債務。

理論上她只要幫忙償還部分債務，投資人自身應該也要負擔部分的債務，但是秋美卻選擇全部自己承擔。當時這對我們家簡直是晴天霹靂，但是我自始至終都支持秋美，該還的就還，我相信秋美的抉擇。

夫妻齊心打拚美好未來

幾年後，我們總算也走過那段還債的黑暗低谷了，靠著秋美的毅力、耐力，她堅忍不拔、永不放棄，先是在M公司打拚，後來又到了安永全球，找到對的平臺後，更是火力全開，沒日沒夜的拚搏。

如今她已經是準八星，其實她可以好好休息，只要扮演輔導的角色就好，但她是個講義氣的人，朋友的事就是她的事，所以她每天從早忙到晚，幾乎沒有多少睡眠時間，總是在為團隊盡心盡力。

然而上天是公平的，秋美這樣願意付出，她待人誠懇，總是先利人再想到自己，上天回饋給她的，就是事業不斷開花結果。身為她的先生，我就是她的後盾。

我的主力工作還是顧好飯店商貿事業，但是當秋美在安永全球有需要我的地方，例如所有必須夫妻共同出席的場合，或者秋美邀請朋友來我家作客或開會，我都盡量參與，我也在她的教導下，充分了解安永全球的制度及產品。

　　在安永全球，大家稱我們為神鵰俠侶，我們的確是「俠」侶，特別是秋美，真的是對朋友、對夥伴義氣相挺的女俠。幫助別人就是幫助自己，這是她的信念，我們夫妻齊心奮鬥，打造美好的將來。

女兒眼中的秋美

林珊妮

關於我的媽媽，人稱秋美姐，大家都知道她是個很和善、很熱情的人，但是在這裡，我要以女兒的觀點說，我媽媽也曾經是個虎媽喔！

自我有印象以來，小時候媽媽就不斷教導我，並採取比較嚴厲的方式，因為她很注重品德，如果我們小孩子不乖，她會立刻責備。她擔心如果孩子小時候沒學好，長大後再想調整就來不及了。

媽媽常說，讀書沒有那麼重要，品行最重要。她要我們孩子看到人要有禮貌，平常大人講話不要插嘴……等等。她就這樣教導我們，每天持續的督促，小時候我們只要做不好，她就直接打罵，真的是虎媽教育。

但是當我們長大後，個性等各方面也比較成熟穩定了之後，媽媽就不再是虎媽了，她變成像是我們的朋友，平常講話可以用溝通的方式，如果對我們有什麼不認同的地方，她傾向於用講的，而不像我們小時候那麼嚴格。

我跟著媽媽學習做人做事的道理，後來也跟著她學習商務事宜。印象中，9 歲時第一次跟媽媽去大陸出差，拜訪牙刷廠商，我開始見證媽媽勤跑市場的歷程。

那麼小的我為何要跟著遠行出差？其實那是因為我不斷吵著要去，我看媽媽整天都在國外出差，從我讀幼兒園開始她就是這樣子，那時候得另外請人幫忙照顧我們，親戚偶爾也會來協助照顧幾天。

我那時就很好奇，媽媽為什麼常常不在家？於是便一直吵著要跟她出國，媽媽哄不了我，就開始帶著我一起去出差。

大約到了我國小五、六年級，媽媽比較少跑大陸了，取而代之的是常跑國內市場，她會跟之前一樣，開著貨卡送貨。那些客戶並不是什麼亮麗的大公司，而是

像檳榔攤這類的，我有時候就坐在媽媽旁的副駕駛座，看著她沿街跑，她會主動跑去問檳榔攤，需不需要衛生紙或塑膠杯等等的，她真的很辛勞。

媽媽的成功之道是，她待人處事親切，把大家都當成像朋友一樣。如果你待人以誠，人家自然也會以誠待我，所以大家把媽媽當成朋友，到今天都還保持著密切的聯絡，媽媽也總不忘不定期跟老朋友問好。

我在媽媽的薰陶下，也變得比較勇敢、有主見，大學畢業後，就選擇去美國打工度假，媽媽也都支持我。那是為期三個月的專案，其中兩個月工作、一個月旅遊，我可以去英語系國家體驗不同的生活，這也是我的願望之一，在媽媽支持下得以實現。

過程都是只有我一個人，我一個人去搭飛機，一個人去陌生的地方，然後去找同計畫的其他夥伴，接著在異國工作旅行。人生很多事不去試你不會有感覺，你總要試著踏出舒適圈，去嘗試有挑戰性的工作，這樣子在未來的生活中，你才會有更大的體悟。

我在媽媽的影響下，願意勇敢嘗試新事物，但其實

我本人很宅，大部分時候都在家裡，襄助媽媽的工作。我媽媽真的很忙，例如當時我在美國，每天都會打電話回家報平安，我都選在臺灣時間晚上十點以後，因為我知道十點前媽媽忙得沒空回應我。我曾經在臺灣時間晚上八點打給她，她當時還在談案子，也只能簡單問候一下，就說她要去忙了，匆匆掛斷電話。

媽媽總是那麼忙，到現在還是一樣，我即使住在家裡，也不那麼常看到她，因為她從一大早出門後，往往都到深夜才回家，基本上，週一到週五都要在不同縣市輔導團隊，反正她的個性本來就閒不下來，這算是天生的勞碌命吧！但是她真的幫助了很多人。相較來說，爸爸是比較安靜的人，對於媽媽所從事的工作，爸爸就是在背後默默支持。

他們夫妻相處愉快，也很照顧我們孩子的教育，未來有機會的話，我也想繼續協助參與安永全球的事業，能夠多嘗試都是好的。

夥伴分享集錦

///////////////

　　秋美姐不論在安永全球或者之前的M公司，都非常照顧底下的夥伴，包含健康以及事業，因為她而提升生活的人非常多，大家都對她很感恩，在本書最後，謹分享幾位朋友談談與秋美姐共事的歷程。

報稅代理人 / 李仕珍

　　我的工作專業是報稅代理人，也是因為協助秋美的公司記帳才與她結緣。早期我只是去收帳，跟秋美姐就只是問安，不算熟悉。真正更加認識秋美姐，是在她邀我加入M公司的時候，後來就一直跟著她，變成了姐妹淘。

　　會加入傳直銷產業是因為健康因素，秋美姐介紹的公司產品，對於改善家人的健康的確很有幫助，我是因為認同這樣的產品，所以才加入的。

　　後來在秋美姐的指導下，想要改變人生，畢竟以我原本的工作性質來説，收入非常有限，我也想要多賺一點錢，實現許多心中期待已久的夢想。

　　要怎樣提升自己呢？跟著秋美姐，我知道可以透過上課。她真的非常上進，除了當時M公司開設的課程外，還主動參加了很多的付費課程。她看到有什麼不錯的課程都會邀我一起去參加，因為我也想改變自己，就

跟著她一起去上課。

基本上，我的個性很內向，跟秋美姐完全相反，有她來帶領我，我感覺很幸運。

我跟著她南北奔波，去上了林裕峯老師、陳威任老師等大師級的課，我很明顯的感受到，當你學習新知後，講話的內涵不同，自身的磁場也變得很不一樣，這樣的我變得更有正能量，吸引到更多成功的朋友。

關於上課的態度，大家也許以為準時進教室、不缺課、不打瞌睡，這樣就達標了。但是我跟秋美姐去上課時，看到她真的很用心也很認真。

每回老師交代的功課，老實說，學員回家後就算不練習也不會怎樣，只要跟老師說自己很忙沒空練習就好。但是秋美姐每回都很認真練習，我看到她下課後，都會照著老師的吩咐不斷勤練，如今我們看到秋美姐在臺上講話總是四平八穩、格局大度，而我都看到了她背後的苦練。

她去上課時，不只完全按照老師的吩咐，並且有機

會還會去複訓，她的成功絕對不是偶然，她是很認真在耕耘自己的。

我經常可以感受到，秋美姐是個很有正能量的人。我因為不是安永全球的專職人員，還在經營自己的會計帳務工作，在職場上難免會遇到不愉快，那時心中就充滿了負能量，而秋美姐就經常是我吐苦水的對象。她每次都靜靜且認真地聽我講話，過程中不太會插話，她安靜地讓我發洩情緒，最後再輕輕拍著我、安慰我。

但她不只是個最佳的傾聽者，到了最後她也不忘賦予我正能量，她知道在我低潮的時候，講太多教條式的話語都無濟於事，她便在最終提醒我一聲，要注意「吸引力法則」，這樣我就懂了。

過往我不太敢去碰傳直銷領域，因為我擔心客戶會認為我公私不分，把傳直銷事業帶進財會的領域裡，這樣會毀了我的名聲。

不過在秋美姐的教導下，我採取的是純粹分享產品的方式，當有朋友提到有哪裡不舒服，我就會提出產品建議，也不講是哪一家公司，當對方有興趣進一步了解

時，我就會多分享一點，跟著秋美姐學習，我成為一個愛分享的人。

安永全球的產品很好，制度又很棒，只要消費就可以分紅，非常有吸引力，因此當我的朋友使用產品滿意後，我就會向他們介紹公司制度，當他們知道有這麼好的制度，自然而然就會想要加入，這樣子就不會影響我原本的財稅專業形象了。

我其實算是秋美團隊的天字第一號，因為秋美姐認識安永全球後，隔天就來找我跟另一位教會師母聊，我聽完她的介紹後，當天早上就匯款入會，那位師母則是下午匯款，所以我是秋美旗下的第一號，師母是第二號。

我們如今都因為加入安永全球改善了生活，有好的產品吃又可以回本，這麼好的制度誰不要呢？我的母親就是因為這些產品，身體的健康狀況改善了很多。

秋美姐是我要終身跟緊她學習的人，她是我的貴人，也是我敬仰的成功典範。

菜販 / 熊裕

我是個賣菜的菜販，到今天都還在賣菜，只不過從前我是依賴賣菜養活一家人，日子有些克難，如今菜攤只是我的其中一份工作，基於跟菜市場老客戶們維持關係才繼續經營著，真正的主要收入，光是靠安永全球就已經非常有餘裕了。

我認識秋美很久了，起碼超過十年，但之前我們都只是主雇關係，她會到菜市場找我買菜，來久了大家都認識，也會親切的問安，不過我們之前的關係就只是這樣而已。另外，我們雖然都是教會的志工，但每次碰面時也只有談公益，沒談什麼商務上的事。

我本身是外籍新娘，嫁來臺灣後，經歷過一些挫折，畢竟在異鄉要打拚很困難的。原本我在大陸是具備合格證照的會計師，可惜來到臺灣後無法適用，因此我才出來擺攤賣菜。

和秋美從一般買菜交易關係進展到合作夥伴，已經

是 2023 年的事了。認識她那麼久,她從來不會來邀我加入什麼傳直銷之類的,直到那年 1 月她跑來找我談,我就知道這個事業應該很不一樣。

我對傳直銷並不排斥,為了想賺更多的錢,過往也陸續加入了不同的傳直銷公司,但是都沒有賺到什麼錢。秋美應該是看到我的生活狀況,知道我非常想要賺錢,所以感應到我的需求才來找我。

我知道她是很負責的人,做任何事都會自己先嘗試,有風險自己擔。她就是已經確認找到了一個好平臺才來找我,她引薦給我的安永全球,的確是最佳的平臺,才短短一年的時間,我的生活就完全改善,變成收入豐盛的人。

除了帶我加入安永全球外,我要感恩秋美的還有另一件事,那就是她帶領我一起做公益。她讓我學會一件事,當自己變好時,也要幫助其他人共好。由於我本身是外籍新娘,因此我後來也幫了很多外籍新娘一起改善生活。

此外,我從安永全球得到了共享的學習,經過和公

司高層討論，認可我也可以比照這樣的模式，也就是像安永全球般，讓消費者買我的菜時不只是消費者，而是我菜攤的股東，日後可以累積分紅。

這其實是一項不小的工程，還需搭配建置網頁，才能管理入會以及會員積點，但是這件事已經在進行中了，這都是基於安永全球的好制度，讓我想要去回饋多年來跟我買菜的客人。

我跟秋美可以學習到很多東西，讓我已經養成了一個習慣，就是當我碰到任何新的狀況，第一時間就去請教秋美，她總知道該怎麼處理，每次聽取她的建議，我都能順利化解危機。我很願意接受她的領導，她改變我的人生，我對她非常感激。

直銷夥伴 / 余佳欣

認識秋美姐大約已經有 10 年了，其實我們最早相識的因緣是認識她的上線，也就是廖勁天老師，我跟廖老師認識 29 年了。

那一回跟秋美姐認識的機緣，是我去廈門旅行時，恰好廖老師跟秋美姐也在廈門，當時她們還在M公司從事傳直銷，廖老師因為原本就認識我，就主動幫我們介紹互相認識。沒想到我跟秋美姐一見如故，兩人相談甚歡，甚至當晚我們訂飯店就共住一個房間，至今都是非常好的姐妹淘。

秋美姐給我的印象，第一眼就覺得她非常平易近人，你永遠看到她總是笑笑的，帶給人溫暖，我初識她也覺得這個人很有企圖心、很上進。

當年她在M公司很打拚，實際上也賺到了相當的收入。但是因為公司制度的問題，M公司採雙軌制，就算一邊的業績有一、兩億元，若是另一邊只有一、兩千

萬元，最終仍無法對碰，其結果就是很多人還是領不到錢。

我當時也有加入Ｍ公司，上線是廖老師，也經常跟秋美姐互動。雖然我住在高雄，但秋美姐原本是主持人，後來也當到講師，她總是很用心地分享，我那時也知道她很喜歡上課，很積極學習。

然而那家Ｍ公司終究制度不好，收入也不穩定，不像現在在安永全球，每個禮拜都可以領到錢，每天晚上可以在後臺看分潤。

其實我本身有在另外一家直銷公司服務，並且已經在那裡經營 22 年了，如今每個月也帶給我超過 10 萬元的進帳，但這是在我經營超過了 20 年，才有這樣的成績。

而我是在 2023 年 5 月加入安永全球的，在短短七個多月的時間，我已經晉級到了五星，每個月的收入，還比我原本那家直銷公司多出三倍。

這是一家很棒的公司，初始我還在困惑，這家公司

對會員那麼好，那麼願意讓利，這樣可以存活下去嗎？後來真正去了解其制度，才發現安永全球真的是良心經營，把利潤分享給每個會員。

我的成功當然也是因為有秋美姐的大力幫忙，我在一開始經營時，很多地方都不懂，是秋美姐陪著我一一拜訪客戶，為我打下了基礎。我是她體系下高雄地區的第一人，整個高雄的線，就是由我發展出來的。

秋美姐是大家都很敬佩的人，她能夠成功其來有自，她如此的堅定有毅力，做事有擔當，願意承擔很多事的責任。她經常親力親為，不像很多企業高層，只想動動嘴巴指揮別人，秋美姐非常不一樣，她肯做事、肯付出，有她的指導，大家都願意賣命。

當然，公司產品也很重要，我當初之所以會加入安永全球，不只是制度好和受到秋美姐的感動，也是因為我的家人使用過安永全球的產品，覺得效果很好，包括91歲的老奶奶，因為使用這裡的產品身體變好了，當我信服這裡的產品，還有秋美姐的指導，再加上制度又那麼好，自然可以成功。

記得秋美姐當初剛升上五星的時候，舉辦餐會邀請我參加，我還開玩笑地跟她說，我住高雄那麼遠還要我去，然而實際上，我在內心是替秋美姐感到高興的。

　　如今她已升上準八星，而我也已經是五星了，很高興在她的帶領下，繼續成長茁壯。

太平聖教會 / 藍燕秋

　　我的身分比較特別，我是一個牧師娘。以前很多人會質疑，身為為神服務的僕人，牧師及其家人可以加入傳直銷嗎？我要説，教會的規範從來沒有説牧師不能從事商業，我們也需要生計，只要從事的是良善的工作，做生意並不違背神的旨意。

　　過往在認識秋美姐前，我和先生克勤克儉在教會服務，經濟條件並不好，甚至是比較清貧的。後來因為認識秋美姐，我才下定決心要做突破，我先生依然做好他牧師為人宣教服務的工作，但是我可以往外拓展，前提是我認識到安永全球的產品很好，而且秋美姐願意誠心教導，我才一步一步的做出成績。

　　長年以來在教會服務，我過往並沒有接受過任何的業務行銷訓練，一切都要從頭學習。秋美姐很積極熱心的督促我，公司有課要我去上，培訓的場合要我不能缺席。

上課不是純粹的產品介紹，而是從調整內在能量開始。我在秋美姐的信心鼓舞下，真正的去達成目標，也很感恩當我還不熟悉如何推廣產品時，秋美姐都會陪著我成長。

　　我覺得秋美姐真的是一個熱情積極的人，有時候她累了還是會硬撐，我們覺得她簡直就像是勁量電池般電力強勁。

　　例如假定今天晚上公司有訓練會，訓練會結束後要回家了，因為是兩天的活動，大家都覺得好累，想要趕快回家休息，可是秋美姐卻依然活力旺盛，她在車上就已經開始聯絡，晚上要拜訪誰，開始忙了起來。

　　秋美姐的個性積極，若是要説她的缺點，可能是比較不擅於拒絕，她總是熱心想要去幫助人。她會經常督促團隊要加把勁，因為事業是大家的，若是大家都能多出點力，公司就會更好。

　　當我們碰到各種狀況，好比説有些會員的意見比較多，她還是會很有耐心的面對；例如有人一天到晚都在抱怨，或對產品有誤會而生了怨言，秋美姐也會耐心導

正。面對他人的情緒，她總是能用溫和的態度去化解。

很感恩有她的帶領，如今我們既可以服侍神，也可以照顧好自己，宗教跟商業並不衝突，宗教教我們的是真理，用在生活上是不變的。

《聖經》的話跟我們做的事不違背，秋美姐符合很多《聖經》的教喻，例如《聖經》説：「你要保守你心，勝過保守一切，因為一生的果效是由心發出。」秋美姐就是這樣子積極正面的人，她每天一早起床就祝福自己，對著鏡子宣告，每天早上就開始正向。

《聖經》其實就是説你的心代表你的想法，你的想法是這樣，神的祝福就是這樣來供應。雖然人們常説宗教改變他們的人生，但是在這裡我也要感恩，秋美姐改變我的人生。

做對選擇，財富滾滾來

年收入千萬銷售天后，教你從平凡邁向成功的關鍵選擇

作　　　者／彭秋美
整　　　編／超越巔峯商學院
美 術 編 輯／孤獨船長工作室
責 任 編 輯／許典春
企畫選書人／賈俊國

總 編 輯／賈俊國
副 總 編 輯／蘇士尹
編　　　輯／黃欣
行 銷 企 畫／張莉榮・蕭羽猜・温于閎

發 行 人／何飛鵬
法 律 顧 問／元禾法律事務所王子文律師
出　　　版／布克文化出版事業部
　　　　　　115 臺北市南港區昆陽街 16 號 4 樓
　　　　　　電話：(02)2500-7008　傳真：(02)2500-7579
　　　　　　Email：sbooker.service@cite.com.tw
發　　　行／英屬蓋曼群島商家庭傳媒股份有限公司城邦分公司
　　　　　　115 臺北市南港區昆陽街 16 號 8 樓
　　　　　　書虫客服服務專線：(02)2500-7718；2500-7719
　　　　　　24 小時傳真專線：(02)2500-1990；2500-1991
　　　　　　劃撥帳號：19863813；戶名：書虫股份有限公司
　　　　　　讀者服務信箱：service@readingclub.com.tw
香港發行所／城邦（香港）出版集團有限公司
　　　　　　香港九龍土瓜灣土瓜灣道 86 號順聯工業大廈 6 樓 A 室
　　　　　　電話：+852-2508-6231　傳真：+852-2578-9337
　　　　　　Email：hkcite@biznetvigator.com
馬新發行所／城邦（馬新）出版集團 Cité(M) Sdn. Bhd.
　　　　　　41, Jalan Radin Anum, Bandar Baru Sri Petaling,
　　　　　　57000 Kuala Lumpur, Malaysia
　　　　　　電話：+603-9056-3833　傳真：+603-9057-6622
　　　　　　Email：services@cite.my
印　　　刷／韋懋實業有限公司
初　　　版／2024 年 12 月
定　　　價／380 元
Ｉ Ｓ Ｂ Ｎ／978-626-7518-47-2
Ｅ Ｉ Ｓ Ｂ Ｎ／9786267518465(EPUB)

城邦讀書花園
www.cite.com.tw
布克文化
WWW.SBOOKER.COM.TW